全国水利水电施工技术信息网
中国水力发电工程学会施工专业委员会　主编
中国电力建设集团有限公司

中国水利水电出版社
www.waterpub.com.cn
·北京·

图书在版编目（CIP）数据

水利水电施工. 2017年. 第5辑 / 全国水利水电施工技术信息网，中国水力发电工程学会施工专业委员会，中国电力建设集团有限公司主编. -- 北京 : 中国水利水电出版社，2018.2
ISBN 978-7-5170-6329-2

Ⅰ. ①水… Ⅱ. ①全… ②中… ③中… Ⅲ. ①水利水电工程－工程施工－文集 Ⅳ. ①TV5-53

中国版本图书馆CIP数据核字(2018)第035227号

书　　名	水利水电施工　2017年第5辑 SHUILI SHUIDIAN SHIGONG 2017 NIAN DI 5 JI
作　　者	全国水利水电施工技术信息网 中国水力发电工程学会施工专业委员会　主编 中国电力建设集团有限公司
出版发行	中国水利水电出版社 （北京市海淀区玉渊潭南路1号D座　100038） 网址：www.waterpub.com.cn E-mail：sales@waterpub.com.cn 电话：（010）68367658（营销中心）
经　　售	北京科水图书销售中心（零售） 电话：（010）88383994、63202643、68545874 全国各地新华书店和相关出版物销售网点
排　　版	中国水利水电出版社微机排版中心
印　　刷	北京瑞斯通印务发展有限公司
规　　格	210mm×285mm　16开本　7.25印张　276千字　4插页
版　　次	2018年2月第1版　2018年2月第1次印刷
印　　数	0001—2500册
定　　价	36.00元

山东电力建设第三工程公司 2016 年荣获“全国五一劳动奖状”

山东电力建设第三工程公司先后荣获 8 个“中国建设工程鲁班奖（国家优质工程）”

山东电力建设第三工程公司同时荣获两个“国家优质工程金质奖”

华电山东莱州电厂一期 2×1000MW 超超临界机组工程，2014 年荣获“国家优质工程金质奖”

山东邹县电厂四期 2×1000MW 超超临界机组工程，2008 年荣获“中国建设工程鲁班奖（国家优质工程）”

福建莆田电厂一期 4×350MW 9F 级燃气－蒸汽联合循环机组工程，2011 年荣获“中国建设工程鲁班奖（国家优质工程）”

山东日照电厂一期 2×350MW 机组工程，2002 年荣获“中国建设工程鲁班奖（国家优质工程）”

青海格尔木二期 45MWp 光伏电站工程

山东莱州风电二期 19×1500MW 工程

山东寿光电厂 2×1000MW 超超临界机组工程

甘肃敦煌 40MWp 光伏电站工程

沙特阿拉伯拉比格 2×660MW 亚临界燃油电站，2014 年荣获“国家优质工程金质奖”（境外）

沙特阿拉伯扎瓦尔 2400MW 联合循环燃机电站

阿曼苏丹国萨拉拉 445MW 燃气－蒸汽联合循环电站，2014 年荣获“中国建设工程鲁班奖（国家优质工程）”（境外）

尼日利亚帕帕兰多 8×42MW 燃机电站

摩洛哥努奥二期 200MW 槽式光热电站

摩洛哥努奥三期 150MW 塔式光热电站

摩洛哥努奥槽式光热电站

印度贾苏古达 9×135MW 燃煤电站

印度蒙德拉三期 2×660MW 超临界电站

巴基斯坦卡西姆电站汽轮机安装工程

建设中的巴基斯坦卡西姆电站

巴基斯坦卡西姆电站开工仪式，该工程为山东电力建设第三工程公司承建的中巴经济走廊首个能源建设项目

本书封面、封底照片均由山东电力建设第三工程公司提供

《水利水电施工》编审委员会

前　言

《水利水电施工》是全国水利水电施工技术信息网的网刊，是全国水利水电施工行业内刊载水利水电工程施工前沿技术、创新科技成果、科技情报资讯和工程建设管理经验的综合性技术刊物。本刊以总结水利水电工程前沿施工技术、推广应用创新科技成果、促进科技情报交流、推动中国水电施工技术和品牌走向世界为宗旨。《水利水电施工》自2008年在北京公开出版发行以来，至2016年年底，已累计编撰发行54期（其中正刊36期，增刊和专辑18期）。刊载文章精彩纷呈，不乏上乘之作，深受行业内广大工程技术人员的欢迎和有关部门的认可。

为进一步提高《水利水电施工》刊物的质量，增强刊物的学术性、可读性、价值性，自2017年起，对刊物进行了版式调整，由杂志型调整为丛书型。调整后的刊物继承和保留了原刊物国际流行大16开本，每辑刊载精美彩页，内文黑白印刷的原貌。

本书为调整后的《水利水电施工》2017年第5辑，全书共分7个栏目，分别为：土石方与导截流工程、地下工程、地基与基础工程、机电与金属结构工程、试验与研究、路桥市政与火电工程、企业经营与项目管理，共刊载各类技术文章和管理文章29篇。

本书可供从事水利水电施工、设计以及有关建筑行业、金属结构制造行业的相关技术人员和企业管理人员学习、借鉴和参考。

编者

2017年10月

目　录

试验与研究

路桥市政与火电工程

企业经营与项目管理

Contents

Test and Research

Road & Bridge Engineering, Municipal Engineering and Thermal Power Engineering

Enterprise Operation and Project Management

福建三明竹洲水电站一、二期导流施工技术的优化

邵日强/中国水利水电第十二工程局有限公司

【摘　要】竹洲水电站分为二期导流施工，其工程主要特征：一是二期围堰截流时受到左岸一期6孔溢流堰顶高程的限制，需将二期导流河面水位抬高4.2m，才能达到过水分流，合龙时水位壅高到4.85m，其龙口段的平均流速为4.45m/s，截流施工难度大；二是左右岸无交通，需利用一期上游围堰拆除料作为二期截流围堰戗堤料，以确保截流时的施工强度是关键。同时二期上游围堰为挡水发电围堰，帷幕防渗施工时间紧。

【关键词】一、二期施工导流　截流　围堰施工　挡水发电围堰

1　工程概述

竹洲水电站坝址距三明市上游约13km，为低水头径流式电站，坝型为混凝土重力坝，河床式厂房。最大坝高33.0m，坝顶全长355m，装机容量为3×18MW灯泡贯流式水轮发电机组。工程采用分期导流方式施工：一期先围右岸，由束窄后的左河床导流，施工右岸挡水坝段、厂房及导墙段、6孔溢流坝段及中导墙段；二期围堰左岸，由已建6孔溢流坝段导流，施工3孔溢流坝段、船闸上闸首及上游导航墙、左岸挡水坝段。

一、二期围堰施工导流标准按全年$P=10\%$频率、流量$Q=5310m^3/s$设计，一期上游围堰水位144.48m，堰顶高程为145.80m。二期挡水发电围堰上游水位146.66m，堰顶高程为148.00m。坝址处多年平均流量为$251m^3/s$，3—8月为洪水期，9月至次年2月为枯水期。坝址全年及分期洪峰流量频率成果见表1。

表1　坝址全年及分期洪峰流量频率成果表

频率/% ＼ 流量/(m^3/s) ＼ 月份	8月至次年3月	9月至次年3月	10月至次年3月	9月至次年2月	10月至次年2月	10月至次年1月	11月至次年2月	11月至次年1月	全年
10	3290	3180	2890	2460	1900	1650	1500	1170	5310
20	2380	2270	2060	1600	1290	1060	926	799	4460
33.3	1740	1630	1500	1060	889	701	586	544	

2　一期围堰优化设计与施工

一期围堰主要工程施工项目有：黏土草包子围堰，混凝土纵向围堰，主坝6号溢流坝段（作为纵向围堰的挡水体），上、下游横向土石围堰。在工期安排和工序上各项目采用交叉搭接、并行推进的施工措施，并加快黏土草包子围堰水下部位的施工。当子围堰闭气后，提前进行大坝1～6号溢流坝段、厂房基坑开挖、混凝土纵向围堰的开挖与混凝土浇筑，并利用河床料及开挖料

进行上、下游横向围堰的填筑。

2.1 黏土草包子围堰的优化设计与施工

（1）子围堰的优化设计。一期子围堰设计为黏土草包围堰，堰体挡水标准为10月至次年1月，$P=33.3\%$ $Q=701m^3/s$（水位135.48m），堰顶高程136.00m，堰坡比为1∶0.3，堰顶宽为3.0m，迎水面采用铅丝笼块石护坡。

由于子围堰的施工进度关系到一期主围堰的施工进度，一期主围堰施工项目多，总工期只有4个月的时间，且子围堰水下铺筑难度大，要求完成的时间为20天。通过对坝址及子围堰轴线设置的原始河道水位观测点的多日测量，河道水位在133.50～133.70m之间。利用枯水期，将一期子围堰分成两个阶段挡水标准来设计，即前期按10—12月，$Q=586m^3/s$，堰顶高程为134.50m，后期按10月至次年1月，$Q=701m^3/s$，堰顶高程为136.00m。这样只要子围堰铺筑出水面，达到高程134.50m后，即可快速先闭气，形成基坑，抽排水后立即进行大坝6号溢流坝段、混凝土纵向围堰的开挖。考虑到水下施工难度，其断面设计为：堰顶宽2.0m，迎水面坡比1∶0.5，背水面坡比1∶0.3。后期子围堰即可在干地中加高加宽。子围堰标准断面如图1、图2所示。

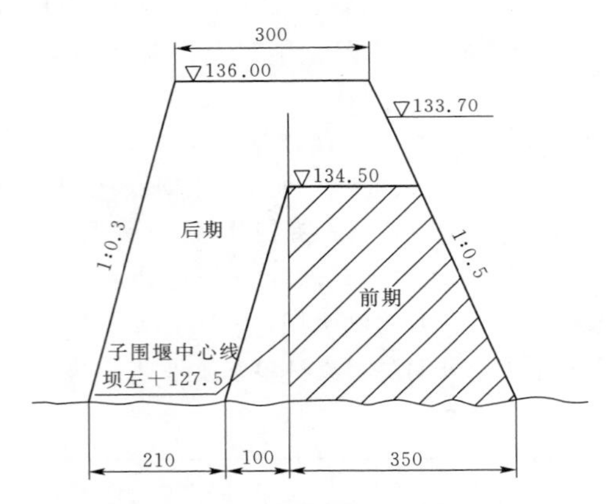

图1　前期子堰断面示意图（单位：m）

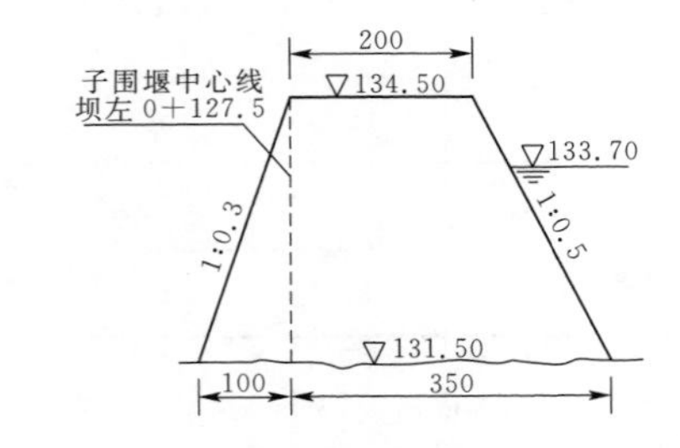

图2　一期子围堰标准断面图（单位：m）

（2）子围堰的优化施工。一期子围堰施工时，平均水深1.6m，局部最大水深约2.65m。采用双层竹排定位，施工人员在竹排上采用竹竿钩沉放黏土草包，人工水下辅助。纵向子堰从下游往上游逆水施工，长度为285.5m，上游子堰长度为120.0m，下游子堰长度为70.0m。

当子围堰闭气后，施工关键是在12月底须完成大坝6号溢流坝段上下游段的混凝土纵向围堰、上下游的一期横向土石围堰达到高程136.00m。实际施工时，在12月底除大坝6号溢流坝段及相邻的下游一段纵向混凝土围堰（15m长），未能达到高程136.00m，故在12月下旬只需将前期子围堰在6号溢流坝段子堰纵向轴线上下60m范围内，加宽加高到高程136.00m，同时做好与混凝土纵向围堰的接合处理，并在拐点处采用铅丝笼块石护角。由于施工进度的安排合理，各节点目标基本达到一期子围堰的挡水标准，且工程量由原设计的$5930m^3$减少到$4160m^3$，子围堰的工程量比原设计减少约30%，并提前2天完成，分包价为85元/m^3，节约费用约15万元。

2.2 纵向混凝土围堰的优化与施工

纵向混凝土围堰总长为275.5m，上下游段分别与6号溢流坝段闸墩衔接，堰顶在上游段的设计高程为147.20m，在下游段的设计高程为143.00m，堰顶宽为3.0m，最大堰高为15.0m，设计断面为梯形结构。上、下游横向土石围堰与纵向混凝土围堰接合处采用齿墙连接。

由于左右岸无交通，招标设计上又将一期上游围堰料用于二期上游堰体，需经纵向混凝土堰上游端头浅滩，先在纵堰左右侧填筑临时便道，再运至二期上游，作为堰体填筑料。如何将一期上游围堰破堰后的料源充分利用到二期上游围堰上，同时如何确保二期上游围堰龙口特大石（混凝土四面体）运输、合龙后的堰体加高及防渗施工是问题的关键，为此采取了如下施工技术优化措施：

（1）在距纵向混凝土围堰上游端57.0m处（与上游横向土石围堰结合），在墙体上设置了一个宽为5.0m的预留缺口，堰底坎高程为138.70m，总高度为8.5m，临时缺口封堵采用钢筋混凝土叠梁门的结构型式。当一期围堰破堰时，将叠梁门拆除，即可将一期围堰高程137.00m以上堰体石渣，直接翻运至二期围堰，形成桥头堡，随后即可进行截流戗堤预进占平台填筑（戗堤高程为139.00m），同时将截流特大块石及一期围堰体的大部分黏土通过预留缺口，挖运至先期预进占平台备料，从而解决了对一期围堰破堰时效的控制以及确保了二期围堰合龙时的分流条件，同时也降低了截流填筑强度。

（2）利用右岸坝顶交通桥（高程151.00m），采用钢结构梁板与上游段纵向混凝土堰顶（高程147.20m）

相连，堰顶拓宽至 5.0m，与坝顶纵向坡为 8%，并利用上游桥头堡至截流戗堤龙口处（高程 139.00m），在一期上游围堰破堰分流后连通两岸。当二期围堰截流后，所需防渗设备及防渗材料、二期基坑开挖石方、大坝施工材料均由此道运行至工程完工。施工布置如图 3、图 4 所示。

上述措施对二期截流前的戗堤预进占起到了很大的作用，通过导墙缺口直接翻运石渣达 4000m^3，运输各种截流料，运距减少 0.24km/车次（一次来回），特别是对一期上游围堰破堰分流时效，可快速地达到要求。原招标设计二期大坝施工由二期下游围堰顶进入基坑，进行主体结构施工，且混凝土拌和站又在右岸厂房上游，而通过右岸坝顶工作桥转纵向混凝土堰顶钢桥，再进入二期基坑进行施工大坝主体，比原招标设计的方案运距减少 0.4km/车次（一次来回），其经济效益显著，在工期上得到了保证。

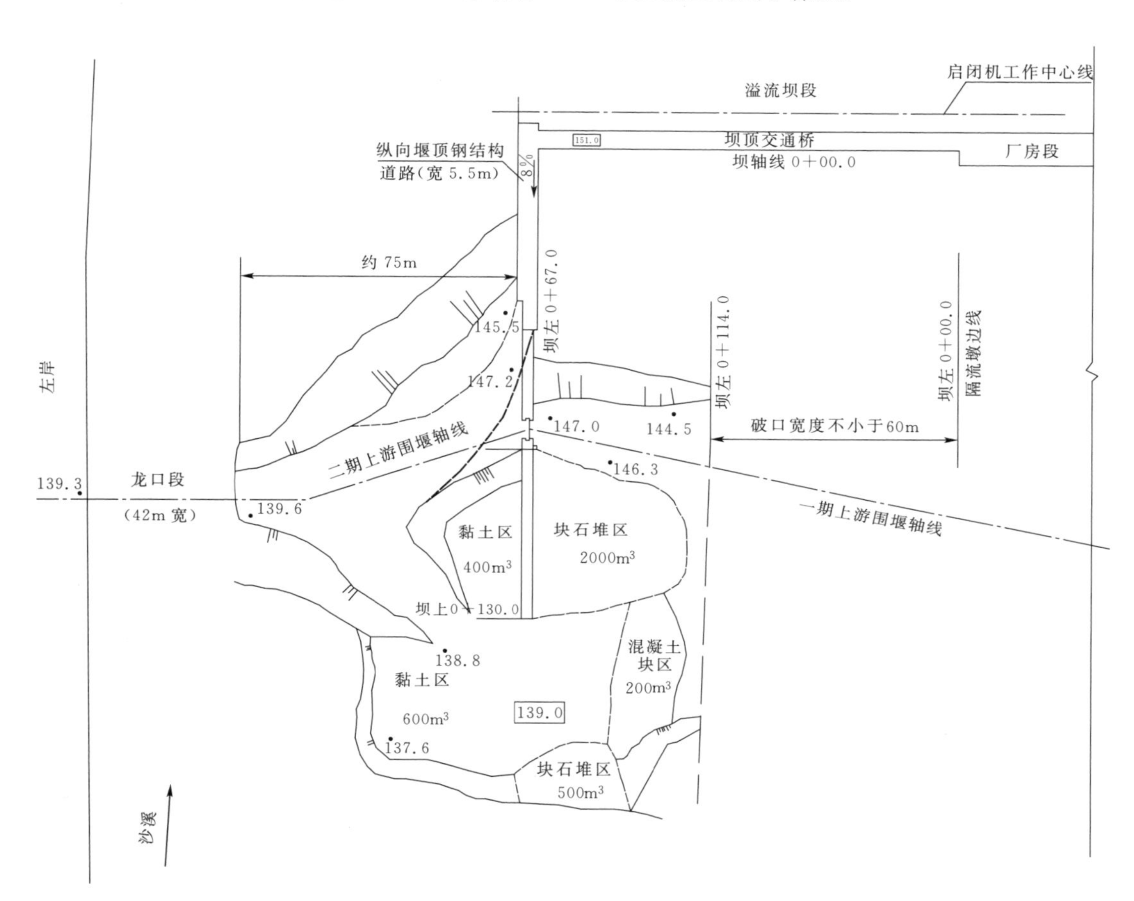

图 3　截流施工布置图（单位：m）

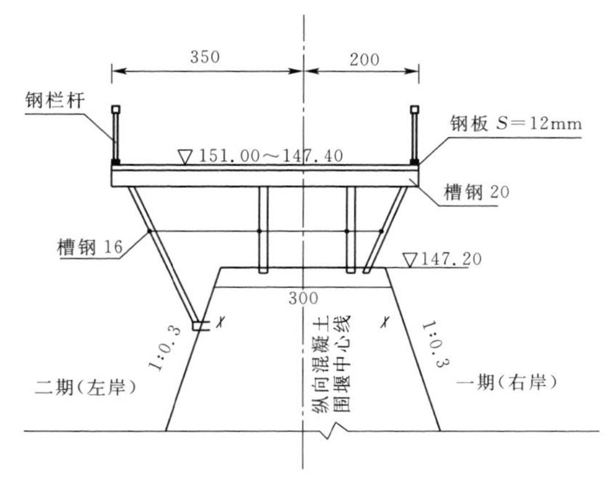

图 4　堰顶钢桥示意图（单位：m）

3　截流施工

二期截流是该工程施工的关键项目之一，同时二期上游围堰为挡水发电围堰，它的成功与否，将直接影响到电站提前发电的效益（1 号机组已具备发电条件，等待充水调试），这对二期截流及围堰的施工提出了更高的要求。为此，在 1999 年 9 月 20 日业主又召开了第二次专家组会议，对二期截流的各项工作再次检查落实情况，并对截流方案进行充分论证与修订，在 9 月 28 日对截流工作做了周密的布置，确定在 10 月 9 日进行截流。

二期上游围堰轴线长 129.48m（折线布置），下游围堰轴线长 103.0m，上、下游围堰轴线之间距离

185.0m，截流设计标准为10月上旬5年一遇平均流量，$Q=160m^3/s$，龙口合龙后的相应上游水位为138.2m，相应下游水位为133.35m。围堰施工期挡水标准为10—12月5年一遇洪水流量，$Q=926m^3/s$，相应上游水位为140.60m，相应下游水位为135.70m，戗堤合龙后，需尽快加高至141.1m以上（图5）。考虑到上游安砂电站的发电与供水下泄流量，请求省电力部门进行调控，确保在10月8—11日24时内出库流量控制在$50m^3/s$（按1台机组发电）。经水力估算，按6孔泄流$180m^3/s$，堰前水位为138.20m，截流戗堤高程为139.00m，当龙口宽度为20m时达到分流条件，并确定一期上游围堰破口长度为60m。

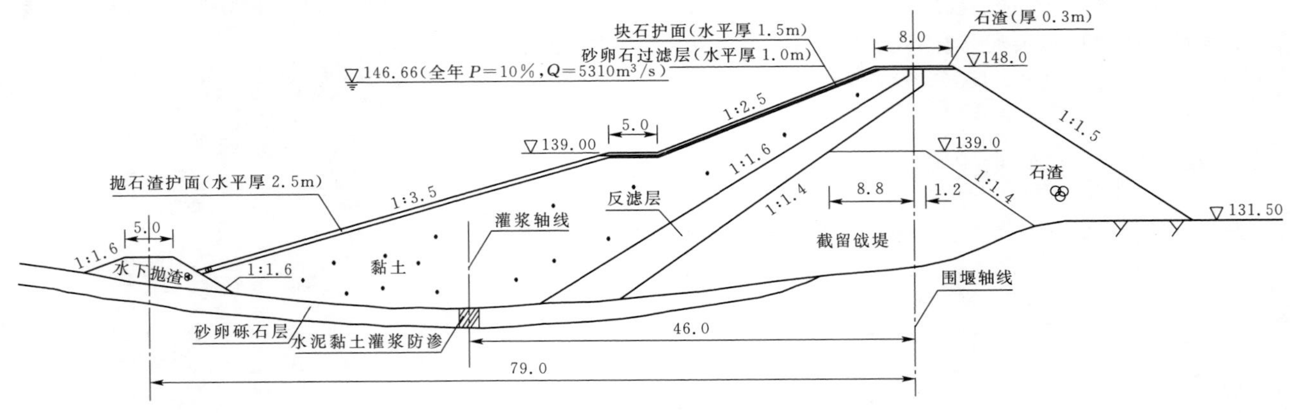

图5　上游围堰坝左0+170.0典型断面图（单位：m）

3.1　截流准备

经龙口分区抛投材料用量估算，当上游龙口宽度为42m时，截流戗堤块石需$4400m^3$，当合龙后临时断面加高至141.10m，需$2000m^3$石渣。按此要求，为截流准备的块石料约$6000m^3$，其中块石串约$750m^3$，混凝土四面体约$500m^3$，石渣为一期破堰料约$3000m^3$。并且利用预进占平台及纵向混凝土围堰上游左右侧，先期尽量备足料，其中大、中块石及串石料$2500m^3$、混凝土块$200m^3$、黏土料约$1000m^3$，其余截流料均在右岸安装间附近备料场。下游戗堤石渣用一期下游围堰拆除料，大块石由备料场装运。投入的主要机械设备有20t自卸车8辆、15t自卸车12辆、挖掘机PC400反铲3台、PC200反铲3台、ZL-50装载机2台、D80推土机2台、25t汽车吊1台。

3.2　截流

二期截流采用上游戗堤从右岸向左岸单向立堵截流，下游戗堤由右岸向左岸紧跟推进的技术措施。

由于受1999年10月5—6日中雨及上游发电出库流量影响，在10月7日早上流量达$260m^3/s$，为此在7日上午先进行下游戗堤预进占，至11时左右停止，下游龙口宽度约48m。到中午后流量降为$180m^3/s$，随后开始上游戗堤预进占，到下午16时左右进占约5m，此时上游堰前水位136.65m，下游堰前水位133.34m，龙口宽度约37m，龙口水位差达到1.8m，为此在16时20分开始一期上游围堰从中间向两侧同时破堰，1～6号坝段及厂房进水口前一期基坑开始充水，同时上、下游围堰戗堤采用大块石及串石进行裹头保护。8日上游戗堤从上午至中午预进占约5m后停止，下游戗堤从下午至16时预进占约5m后停止，此时上游堰前水位136.35m，下游堰前水位133.30m，流量为$140m^3/s$，到傍晚流量下降到$120m^3/s$，夜间从20时后上游戗堤再预进占约5m后停止，龙口宽度约28m，下游戗堤紧跟预进占约5m后停止，龙口宽度约37m，均采用大块石及串石进行裹头保护。

10月9日上午8时，正式下令上游龙口截流开始，此时截流流量为$100m^3/s$（即出库流量50 m^3/s＋区间流量50 m^3/s），为减小上游龙口水位差，下游戗堤略滞后紧跟推进，当龙口宽度约20m时停止。当上游龙口宽约16m时，即下午14时26分开始分流，由1～6号溢流坝堰顶过流（堰顶高程137.20m），至17时许合龙成功，历时9h，共计抛投块石$1820m^3$，混凝土块约$430m^3$，平均每2.5min一车。随后下游戗堤紧跟合龙，并对上游戗堤临时断面加高到高程141.50m。

3.3　闭气

堰体迎水面采用反滤料及黏土铺盖斜墙防渗体，上游在高程139.00m至基岩采用水泥黏土灌浆防渗体。上游戗堤预进占时，采取边进占边抛投较小石渣及黄黏土闭气，留42m宽的龙口段。当戗堤合龙后，随即进行龙口段的反滤料铺筑，再进行黄黏土的铺盖。并及时回填纵向混凝土围堰先期预留5m宽的缺口，浇至高程142.00m，以上至高程148.00m采用原有的混凝土叠梁门封堵。

4 结语

（1）将一期子围堰分期施工，存在着一定的风险，主要是对上游区间的流量估算及汛末受中雨小洪水的侵袭。先决条件是合理安排好纵向混凝土围堰的施工顺序，使堰体各分段上升到挡水标准高程后暂不施工，但这样会带来各仓块的模板倒运次数。在满足子围堰的导流标准后，才能达到优化合理，并产生一定的经济效益。

（2）对上、下游围堰戗堤同时预进占时效控制，也是截流施工的一个关键点。由于本工程下游围堰戗堤填筑时有浅滩可利用，前期预进占时填筑速度太快，且堤头保护未及时跟上，当与上游龙口宽度同宽时，受到上游夜间出库流量大而被冲垮，故上、下游戗堤同时预进占所留龙口的宽度要有估算。根据本工程的河道流态，下游龙口宽度应大于上游龙口宽度10～12m，后期戗堤预进占时基本控制在12m左右。

（3）原招标设计在坝下游一期围堰外平行于一期围堰轴线建造一座高约14m、宽为6m、长为145m的钢筋混凝土结构临时交通桥，与下游纵向混凝土围堰顶相接，经二期下游围堰顶进入二期基坑，作为大坝二期施工跨两岸交通，造价为235万元。当前期施工了3个桥墩基础时，提出利用坝顶工作桥及上游纵向混凝土围堰钢结构便桥，再由二期上游围堰顶进入二期基坑的施工方案，并得到业主、设计及监理的同意后，此桥便停止施工，经与纵向围堰钢结构桥及厂房段的孔口钢盖板费用摊销，仅此一项节约了临建费约130万元。显然，工程的施工总体合理布局、施工方案的优化和超前性是项目的效益所在。

马马崖一级水电站大坝土建工程施工技术创新

吴友旺　何公义　申林虎/中国水利水电第十六工程局有限公司

【摘　要】马马崖水电站为全断面碾压混凝土重力坝，本文主要对大坝土建施工技术进行介绍，从导流工程、碾压混凝土入仓手段、施工技术创新等方面阐述了大坝土建施工的主要亮点，以期为同类工程施工提供参考。

【关键词】土建工程　施工　技术创新

1　工程概况

马马崖一级水电站工程属于Ⅱ等大（2）型工程，枢纽工程由碾压混凝土重力坝、坝身开敞式溢流表孔、坝身放空底孔、左岸引水系统及左岸地下厂房等主要建筑物组成。

碾压混凝土重力坝坝顶高程 592.00m，坝底高程 483.00m，坝高 109.00m。坝顶宽 12m，挡水坝段下游坡比为 1∶0.75，溢流坝段最大坝底宽为 100.50m。坝顶轴线长度为 247.20m，在河床溢流坝段设 3 孔 14.5m×19m（宽×高）的溢流表孔，堰顶高程为 566.00m，采用 WES 曲线。下接 X 形宽尾墩＋台阶坝面＋戽式消力池。消力池池长 60m，底宽 51.50m，底板顶高程为 493.00m，底板厚 3m。坝轴线方位角为 N46.89°E。坝体大体积混凝土为 C15 三级配碾压混凝土，坝体上游面采用 C20 二级配碾压混凝土自身防渗。坝体基本剖面上游坝坡 525.00m 高程以上垂直，525.00m 高程至坝基为 1∶0.25；下游坝坡为1∶0.75，折坡点高程为 579.46m。挡水坝段和溢流坝段剖面如图 1、图 2 所示。

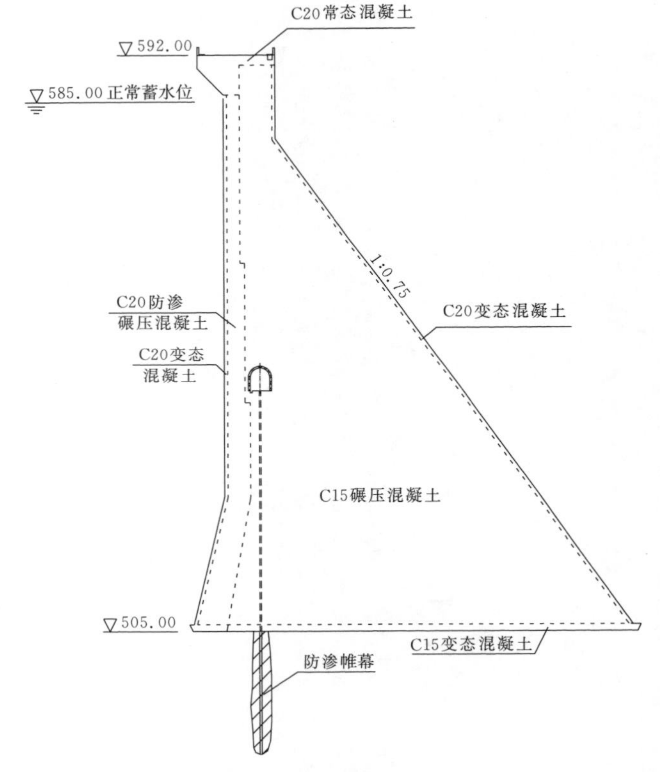

图1　挡水坝段剖面图（单位：m）

2　主要施工亮点及创新点

2.1　上游围堰防渗技术

2.1.1　防渗方案

本工程上游围堰为不过水土石围堰，堰顶高程为 532.00m，最大堰高 26.5m，堰顶宽 32m，堰顶长度 93.5m，堰基覆盖层最大深度为 12.5m。堰体由戗堤、混凝土面板、夹土石渣、护坡等组成。防渗灌浆位于围堰轴线上游，盖帽混凝土高程为 528.00m，防渗灌浆入基岩 50cm。上游围堰结构及防渗剖面如图 3、图 4 所示。

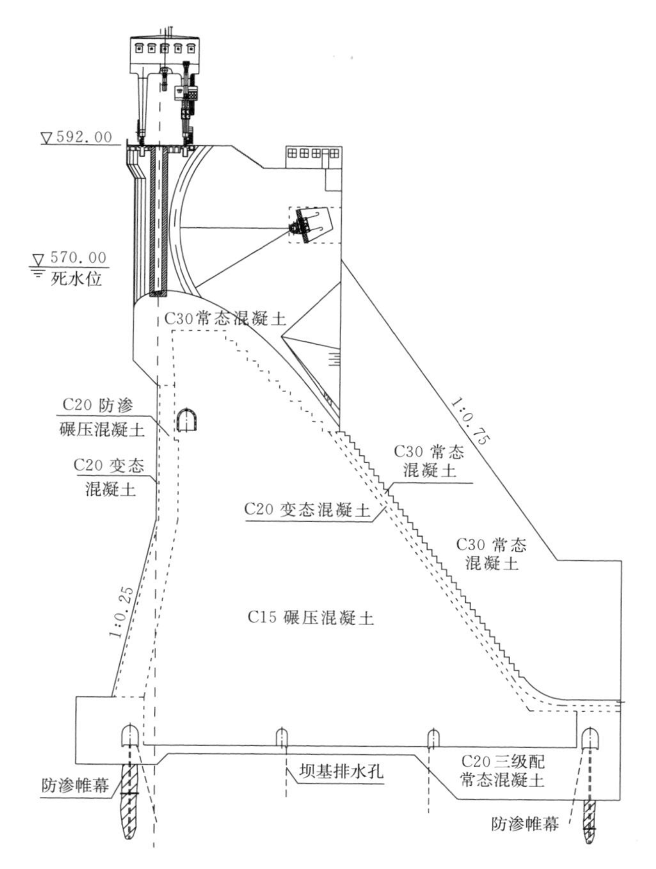

图2 溢流坝段剖面图

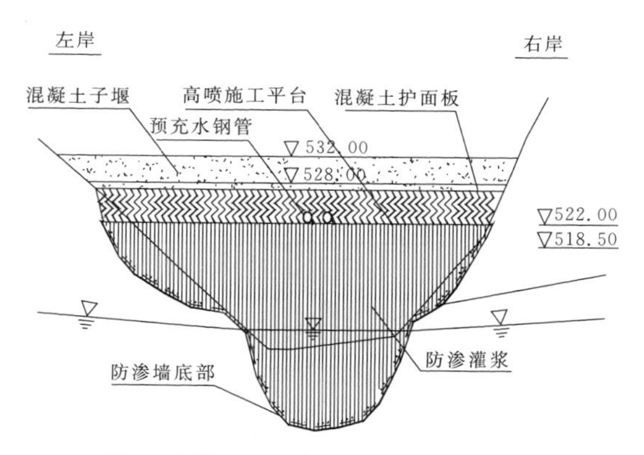

图3 上游围堰防渗纵剖面图（单位：m）

根据马马崖水电站的水文条件及围堰类型，考虑到该围堰属临时工程，在下闸蓄水前还要拆除，为降低施工成本，经过对比决定采用高压摆喷灌浆进行围堰防渗。

2.1.2 高压摆喷灌浆

高压摆喷灌浆成墙技术原理是采用钻机造孔，然后把带有喷头的喷浆管下至地层预定的位置，用从喷嘴出口喷出的射流冲击和破坏地层。剥离的土颗粒的细小部分随着浆液冒出地面，其余土粒在喷射流的冲击力、离心力和重力作用下，与注入的浆液掺搅混合，并按一定的浆土比例和质量大小有规律地重新排列，在土体中随着喷头一面摆动一面提升，形成似哑铃或扇形柱体的固结体，然后多个哑铃或扇形柱体的固结体互相搭接形成混凝土防渗墙。

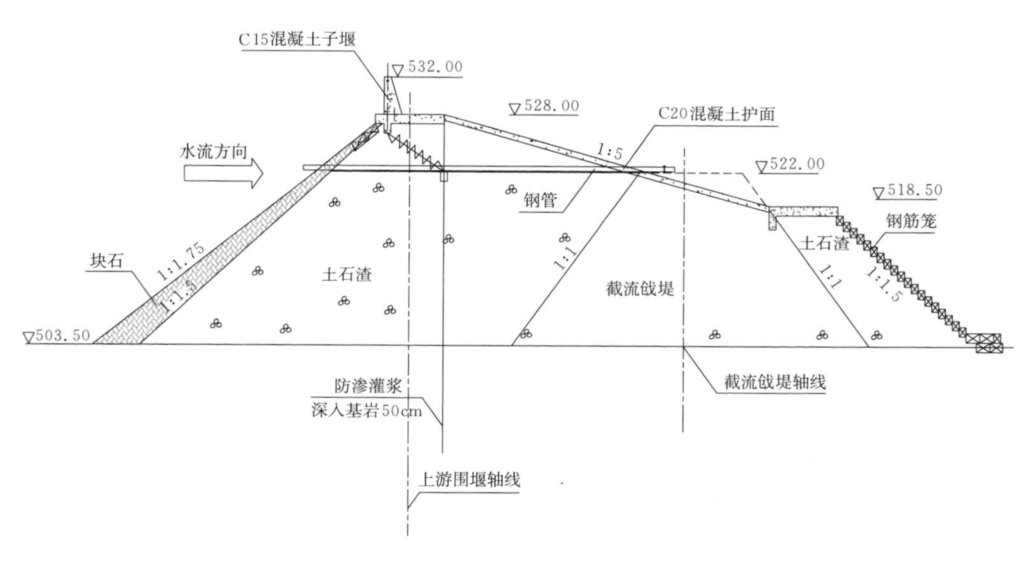

图4 上游围堰防渗横剖面图（单位：m）

其工艺流程为：摆喷试验→放线布孔→钻机就位找正孔位→终孔→高喷台车就位→地面浆、气、水试喷→下喷射管→喷浆→摆动提升→回灌成墙。

2.1.3 防渗效果

在上游围堰背水面设置了一临时中转水池，施工期间根据上游水位变化，中转水池及基坑渗水情况及时增设水泵，中转水池水泵最高纪录为3台250S39型水泵抽水，能满足抽排水要求。抽排水情况见表1。

表 1　基坑抽排水情况统计表

上游水位/m	511.00	512.00	513.00	514.00	515.00	516.00	517.00	518.00	519.00
水泵配置	50WQ65－25－7.5kW 1台	50WQ65－25－7.5kW 1台	50WQ160－45－37kW 1台	50WQ160－45－37kW 1台	1台 250S39	1台 250S39	2台 250S39	2台 250S39	3台 250S39
抽水量/(m^3/h)	65	65	160	160	485	485	970	970	1455

表 1 显示，上游围堰迎水面水位发生变化时，背水面配置的水泵抽水能力可以满足抽排渗水的强度，高喷达到了预期的防渗效果。

2.2　碾压混凝土高落差垂直输送技术

2.2.1　布置背景

前期施工过程中，大坝混凝土入仓采用由下游河道填筑石渣路，自卸汽车直接入仓。该方法虽能保证混凝土的入仓，但是由于“拌和楼→右岸干线公路→右岸 2 号公路→大坝基坑”整条自卸车运输线路运距较长，下基坑道路狭窄，同时，增加石渣的填筑和石渣清除工程量，影响消力池、下游护岸施工工期，增加了施工成本。根据本工程施工布置、地貌特征，通过对各种方案的综合对比，最终确定浇筑至高程 489.50m 之后，大坝混凝土以“高落差垂直满管”的型式进行输送入仓，仓内自卸车进行转运的入仓方案。

2.2.2　系统参数

垂直满管由高程 589.00～559.27m 边坡段斜满管、高程 559.27～535.00m 垂直段满管、高程 535.00～498.00m 边坡段斜满管、集料斗和卸槽组成，箱体截面尺寸为 80cm×80cm，单个标准节满管长度 1.5m，垂直高为 91m。具体布置如图 5 所示。

2.2.3　系统优点

（1）垂直满管系统采用了箱式满管结构，设计高差为 98m，由上部高差为 33m 的倾斜段满管、中部高差为 24m 的竖直段满管和下部高差为 41m 的倾斜段满管三部分组成，实现了大坝碾压混凝土由高程 592.00～493.50m 的垂直输送，解决了马马崖水电站坝址河谷呈 V 字形，两岸边坡陡峭，碾压混凝土的入仓困难的难题。

（2）该垂直满管在结构加固上，满管管身采用桁架支撑及刚性斜撑共同加固型式，确保整个满管系统的安全、稳定运行。桁架支撑将各节满管连成整体，底部焊接加固在四管柱及圆管柱顶部；刚性斜撑顶部直接焊接加固在满管管身底部，斜撑底部焊接在圆管柱中部。

（3）该满管系统的箱式满管集储料和输送两大功能于一体，通过上、中、下三段箱式满管控制弧门的联动操作，确保了满管系统进出料动态平衡，实现整条箱式满管系统的满料输送，成功地降低了碾压混凝土因高落差垂直输送而产生的骨料分离，保证了入仓混凝土的质量。

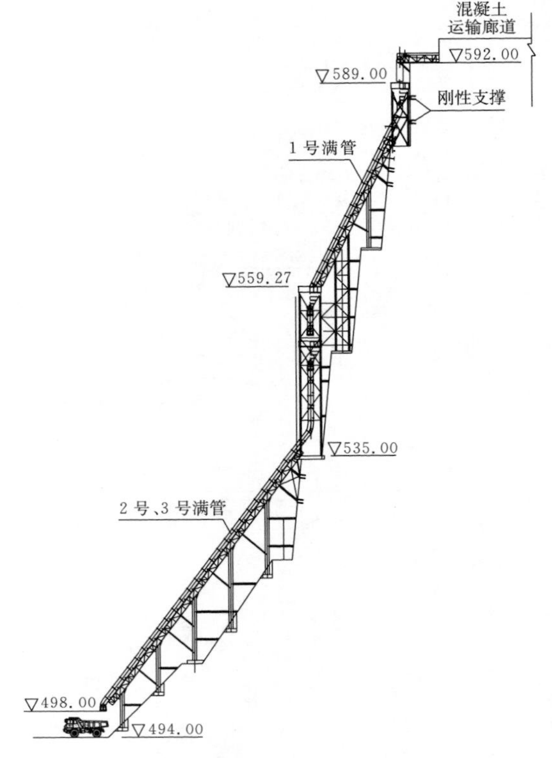

图 5　右岸满管系统剖面图（单位：m）

（4）该垂直满管系统通过与上坝高速皮带机、自卸车的配合使用，缩短了碾压混凝土从拌和楼到碾压仓面的时间，保证了碾压混凝土的高效、快速入仓及浇筑质量。

通过对“碾压混凝土高落差垂直满管”在马马崖电站运行近半年的工况总结、分析、研究改造，使该输送技术日趋成熟，从而为碾压混凝土的快速施工提供了强有力的保障，该技术为马马崖大坝施工创造了明显的经济效益。

2.3　超高掺灰碾压混凝土

2.3.1　超高掺灰碾压混凝土配合比

为了获得超高掺粉煤灰碾压混凝土的水灰比、粉煤灰掺量等参数，中水十六局进行了超高掺粉煤灰碾压混凝土配合比试验，采用原料为：贵州台泥有限公司 P·O 42.5 水泥，贵州卓圣环保建材有限公司Ⅱ级粉煤灰，马马崖一级水电站砂石系统灰岩人工砂石料，南京瑞迪 HLC－NAF 缓凝高效减水剂，石家庄长安育才 GK－9A 引气剂。具体配合比成果见表 2。

表 2　　马马崖大坝超高掺灰碾压及变态混凝土配合比一览表

序号	混凝土强度等级	级配	水胶比	砂率/%	各种材料用量/(kg/m³)								减水剂/%	引气剂/%	VC 值/s	坍落度/cm
					水	水泥	用量	掺量	砂	小石	中石	大石				
1	超高掺灰 C90 20W8F100 碾压混凝土	三	0.46	33	70	60.9	91.3	60%	727	453	604	453	0.8	0.08	4～6	—
	常规掺灰 C90 20W8F100 碾压混凝土	二	0.50	39	86	86	86	50%	826	530	896	—	0.7	0.08	2～5	—
2	超高掺灰 C90 15W6F50 碾压混凝土	三	0.50	33	70	42	98	70%	735	458	610	458	0.8	0.06	4～6	—
	常规掺灰 C90 15W6F50 碾压混凝土	三	0.55	35	77	56	84	60%	769	440	587	440	0.7	0.06	2～5	—
3	超高掺灰 C90 20W8F100 变态（浆液）	三	0.46	—	27.3	23.7	35.6	60%	—	—	—	—	0.8	—	—	3～5
	常规掺灰 C90 20W8F100 变态（浆液）	二	0.50	—	29	29	29	50%	—	—	—	—	0.7	—	—	3～5
4	超高掺灰 C90 15W8F100 变态（浆液）	三	0.50	—	28	16.8	39.2	70%	—	—	—	—	0.8	—	—	3～5
	常规掺灰 C90 15W8F100 变态（浆液）	三	0.55	—	30	22	33	60%	—	—	—	—	0.7	—	—	3～5

2.3.2 项目应用

马马崖大坝高程 489.50m 以上开始全部采用了超高掺灰碾压混凝土筑坝，超高掺灰混凝土共计 42.3 万 m³。超高掺灰的碾压混凝土与常规掺灰的碾压混凝土相比，其优势甚为明显：

（1）在胶凝材料总量不变的情况下，可降低水泥用量 14～25kg/m³，节约施工成本。

（2）在相同的胶凝材料用量的情况下，超高掺粉煤灰碾压混凝土绝热温升值比常规掺灰碾压混凝土略低 1～1.5℃，由于碾压混凝土水化热温升的有效降低和抗裂性能的大幅提高，所带来的温控防裂成本的降低是可靠的，提高了结构的耐久性，其潜在的经济效益明显。

（3）由于更多地利用了粉煤灰，使得更好地节约资源、能源。

通过超高掺灰碾压混凝土近半年的使用情况来看，拌和物性能满足现场施工要求，层面泛浆效果良好，各项力学指标满足设计要求，节约了施工成本，有望在今后其他类似工程推广应用。

2.4 三级配防渗碾压混凝土

2.4.1 三级配防渗碾压混凝土配合比

马马崖水电站进行了三级配防渗碾压混凝土配合比试验，采用原料为：贵州台泥有限公司 P·O42.5 水泥，贵州卓圣环保建材有限公司Ⅱ级粉煤灰，马马崖一级水电站砂石系统灰岩人工砂骨料，南京瑞迪 HLC－NAF 缓凝高效减水剂，石家庄长安育才 GK－9A 引气剂。具体配合比成果见表 3。

表 3　　马马崖大坝三级配防渗碾压及变态混凝土配合比一览表

序号	混凝土强度等级	级配	水胶比	砂率/%	各种材料用量/(kg/m³)								减水剂/%	引气剂/%	VC 值/s	坍落度/cm
					水	水泥	用量	掺量	砂	小石	中石	大石				
1	C90 20W8F10 防渗碾压混凝土	三	0.46	33	70	60.9	91.3	60%	727	453	604	453	0.8	0.08	4～6	—
	C90 20W8F10 防渗碾压混凝土	二	0.50	39	86	86	86	50%	826	530	896	—	0.7	0.08	2～5	—
2	C90 20W8F100 防渗变态（浆液）	三	0.46	—	27.3	23.7	35.6	60%	—	—	—	—	0.8	—	—	3～5
	C90 20W8F100 防渗变态（浆液）	二	0.50	—	29	29	29	50%	—	—	—	—	0.7	—	—	3～5

2.4.2 项目应用

使用三级配碾压混凝土作为防渗混凝土，主要考虑混凝土各项性能指标满足设计要求、便于现场施工、施工成本最低几个方面。

三级配防渗碾压混凝土与二级配防渗碾压混凝土相比，胶凝材料用量不变，可降低水泥用量 25kg/m³，水化热降低，有利于混凝土散热，可适当降低温控措施。通过三级配防渗碾压混凝土在马马崖水电站施工应用近半年的情况来看，三级配防渗碾压混凝土工作性能和各项指标均能满足设计要求，节约了施工成本，具有一定的经济效益。

2.5 其他技术创新

2.5.1 预制廊道技术创新

坝体廊道层分割了碾压混凝土仓块，采用预制廊道的施工技术，既能保证施工质量，又可以加快大坝工程进度，提早实现碾压混凝土大仓面、机械化、连续高强度施工。

预制廊道的定义：将廊道周边小体积（厚 30cm、宽 1m）混凝土加以配筋后，在场内提前加工成具有廊道净空断面、能在大坝施工过程中代替模板的预制件。通过模板精工制作、预埋管、设倒角、定位支撑加固等一系列的措施，廊道内的平整度、拼缝效果满足外观要求。预制廊道技术不仅能够保证施工质量，而且能节约施工成本并缩短工期。

2.5.2 夯实混凝土取代变态混凝土施工技术

大坝上、下游模板周边及其他不便碾压的部位采用加浆变态混凝土浇筑，但由于加浆方式为人工加浆，加浆量及均匀性很难控制，加浆量偏小，无法达到施工要求；加浆量偏大，则会造成施工成本增加。中水十六局在马马崖进行了夯实混凝土取代变态混凝土的工艺试验，试验相关参数见表 4。

表 4　　夯实混凝土压实度测试成果

夯实机	机身自重/kg	夯实面积/m²	浇筑层	夯实时间/s	测试深度/cm	测试项目	C90 15W6F50（三级配）	C90 20W8F100（二级配）
HCD70	80	0.08	第 1 层	15	30	压实容重/(kg/m³)	2454	2425
						密实度/%	98.5	99.3
			第 2 层	20	30	压实容重/(kg/m³)	2485	2440
						密实度/%	99.8	99.9
			第 3 层	25	30	压实容重/(kg/m³)	2496	2450
						密实度/%	100	100

试验数据表明，夯实时间为 20s 时，夯实混凝土压实度能满足设计要求。虽然夯实混凝土技术目前仅在公路路肩施工有应用实例，但该技术凭借着工艺简便，在保证施工质量的同时，能适当节约大坝混凝土施工成本，拟在马马崖大坝左坝肩部位进行应用。

2.5.3 仓面小气候营造技术

在夏季施工时，为降低碾压混凝土仓面浇筑温度，中水十六局马马崖项目部主要采用以下手段来营造仓面小气候：采用摇摆式喷雾机进行喷雾外，还采用在高空横跨大坝左、右岸方向架设 3 条水管通制冷水喷雾降温，高空管路每隔 3m 开一小口，使喷出来的水呈雾状。通过仓面小气候的建立，降低了仓面浇筑温度，保证了混凝土的浇筑质量。

3 结语

马马崖一级水电站大坝土建工程碾压混凝土施工在国内筑坝专家的帮助和参建各方的支持下，对施工工艺和施工技术进行了优化和创新，对提高工程的质量、进度和工程效益起到了有利作用，对提高碾压混凝土的施工工艺和施工技术提供了一个较好的范例。

玛尔挡水电站导流洞出口边坡蠕滑体处理分析

吕　东/中国水利水电第十四工程局有限公司

【摘　要】玛尔挡水电站地处高海拔严寒地区，导流洞出口边坡蠕滑体已施工完成5年，目前已经处于稳定状态。在充分对蠕滑体的变形特征及原因分析的基础上，采取了L形混凝土挡墙＋锚筋桩、锚索的形式加固坡脚，取得了成功。本文对今后类似边坡的设计及施工提出了几点建议，具有一定的参考价值。

【关键词】玛尔挡水电站　边坡　蠕滑体分析　底滑面

1　工程概况

玛尔挡水电站位于黄河干流上，是龙羊峡以上黄河干流湖口—羊曲河段规划的第十二个梯级水电站。电站装机容量2200MW，多年平均发电量为71.16亿kW·h。工程规模为Ⅰ等大（1）型工程，枢纽建筑物主要由混凝土面板堆石坝、右岸泄洪洞、右岸三孔溢洪道及右岸引水地下厂房等组成。

蠕滑体位于导流洞出口正上方3185.00m高程以上，在工程边坡开挖过程中，于2011年8月4日和9月28日在开挖第一级、第二级边坡过程中出现了滑坡，2012年3月24日边坡开挖到3185.00m高程时，出现了第三次滑坡拉裂，开挖区内出现了8条裂缝，裂缝宽度为20～40cm，开挖区外有4条裂缝，呈拉裂、错缝现象，后缘岩石分界处发现可见深度大于4m的拉裂缝，错距宽度集中在40cm，最大错距约1m。

2　工程地质

蠕滑体前缘坡脚高程为3185.00m，后缘高程为3230.00m，前后缘平面长约105m，宽约181m，天然边坡呈上缓下陡地势，在高程3250.00m以上为宽缓沟坡，总体坡度5°～10°，表部为5～8m厚松散堆积层，其下主要为古、新近系泥质粉砂岩和砾岩互层；后缘为砾岩陡坎，坎高15～20m。蠕滑区高程3230.00～3185.00m之间，为陡坡，坡度55°～60°，表部为第四系坡积土层，厚3～5m，下部为强风化、强卸荷古、新近系泥质粉砂岩与砾岩互层，层厚10～20cm。岩体破碎，岩体中结构面普遍开裂，一般张开数毫米至2cm不等，岩体完整性差，但块与块之间相对位置尚在，强风化、强卸荷岩体厚度一般在15～19m，呈块状结构。在高程3185.00m以下，以古、新近系互层与三叠系变质砂岩接触带为界，上部为古、新近系泥质粉砂岩与砾岩互层，下部为变质砂岩。

3　边坡蠕滑体分析

3.1　变形特征

边坡开挖过程中，顺坡结构面在边坡坡脚被切断的情况下，滑移面的位置随着梯段高度的增加而变化，即从开挖坡脚沿顺坡结构面的倾角向上延伸到一定高程出露地面，形成底滑面；同时边坡开挖后，岩体构造水平应力释放，岩体出现松弛，沿层面产生张裂，边坡上部的岩体自重逐渐发挥作用，应力随之调整，在地下静动水的作用下，向临空面方向发生牵引，导致边坡表面开裂变形，带动后缘岩体由坡面向深部发展拉裂，形成蠕滑-拉裂体（图1）。

3.2　变形原因

3.2.1　水的作用

玛尔挡水电站地处高海拔严寒地区，秋季多风且降雨多，冬季寒冷，温差大。该边坡在开挖过程中出现拉裂变形的时间为雨季和冬季下雪期间，水的渗透及运动是直接导致边坡变形的主要原因。该蠕滑体岩层主要为古、新近系泥质粉砂岩与砾岩互层，呈块状构造，完整性差，裂隙发育，边坡中断层、节理裂隙成为地下水的主要运输通道。地下水对泥质粉砂岩及其软弱夹层具有软化、崩解、侵蚀等作用，造成岩体裂隙发生扩展的劈

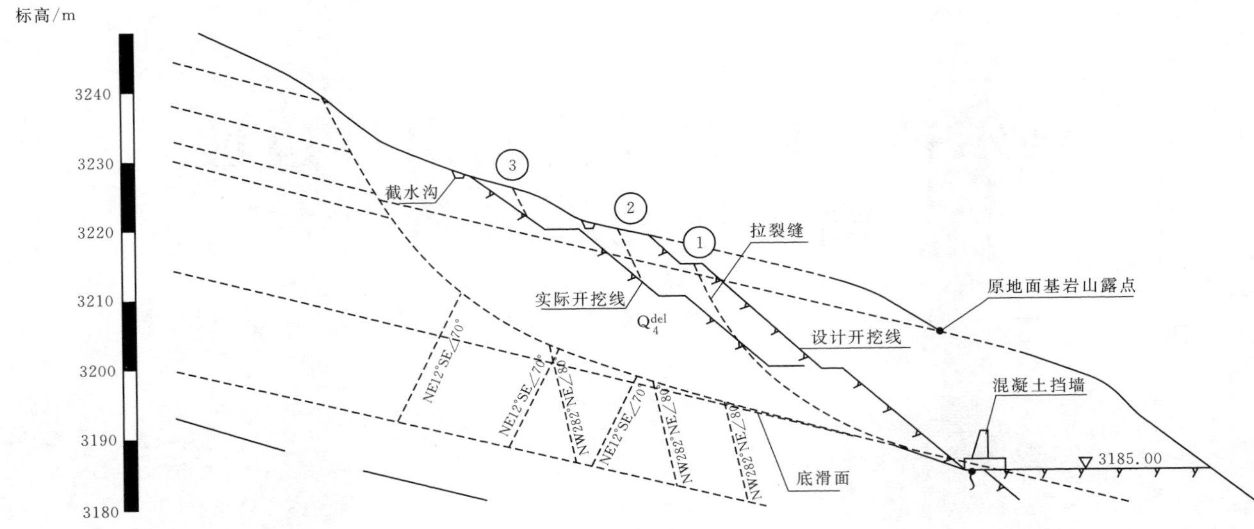

图1　蠕滑体剖面图

裂作用，使裂隙宽度增大，产生拉裂变形。同时受气温升高影响，部分地下水活动强烈，沿岩体裂隙运动，最终从高程3185.00m的坡脚渗出，使岩体结构面的胶结程度大大降低，减小了抗剪强度，形成了蠕滑体的底滑面。

3.2.2　施工过程中的扰动

边坡开挖过程中，受进度的影响，开挖与支护不能同步，支护滞后开挖面较多，导致开挖区内边坡初期处于应力调整、发生松弛的岩体失去及时加固及变形的有效抑制。临空面随着开挖梯段高度的增加而加大，开挖区外作用于边坡岩体的主要应力是岩体自重，最大主应力方向大体平行于边坡，倾向坡外，由于开挖扰动形成了卸荷带，在此作用下，岩体应力重新调整，向临空面形成下滑的牵引力，导致开挖区内、外边坡发生蠕滑拉裂变形。

3.2.3　岩体结构

直接影响边坡稳定性的内在因素是构成边坡的岩性。该边坡主要为古、新近系泥质粉砂岩与砾岩的互层。其中以泥质粉砂岩为主，该岩体为软岩，具有遇水软化、膨胀，失水干缩、崩解等特殊物理性质。因此地下水或地表水渗入沿古、新近系泥质粉砂岩与地表覆盖层接触面进入坡体，即恶化了岩体物理力学性质，引起了边坡变形。

4　治理措施

在塌滑边坡的治理过程中，先进行开挖边坡内外的截排水施工。随后进行刷坡处理，控制开挖坡型，改善稳定条件。再次是稳固坡脚，改善应力条件。最后进行裂缝处理，控制变形及开裂，保持岩体的整体性。

4.1　排水措施

在开挖边坡开口外设置二道周边截水沟，一道距后缘边坡5m，截水沟开挖最大顶宽2m，底宽1m，高1m，总长约600m。另一道距边坡开口线外5m，设0.5m×0.35m的截水沟，截水沟开挖大部分为土石混合体覆盖层，采用反铲开挖为主。坡面排水孔为水平上倾孔，孔径59mm，间距3m×3m，孔深2m，上仰角10°，与各级马道上的排水沟（0.3m×0.3m）相结合，联合排水，减小渗水压力。马道排水沟以人工开挖为主，排水沟由上游至下游纵向坡比0.2%，在下游端与截水沟连接。

4.2　削坡减载

在蠕滑体削坡时，高程3185.00m平台以上各级马道道路及施工平台采用1.6m^{3}反铲分层开挖，TY220推土机平整，反铲从L3道路延伸段行至蠕滑体施工工作面，沿蠕变体顶部马道至蠕变体高处，自上而下进行分层修整。修整过程中，要随时对边坡孤石及松散岩体进行清理，确保一次性清理到位，不留后患。边坡级数在原设计的基础上适当增加，降低梯段开挖高度，本边坡由原设计三级边坡增加到四级，开挖综合坡比为1∶1～1∶1.25。各级马道宽度为5m，在坡脚高程3185.00m设置15～35m宽的挡护处理平台。

4.3　坡面防护

蠕滑区内在刷坡完成后，坡面及马道喷厚10cm的C20混凝土快速封闭，各级马道上采用贴坡式混凝土护面墙＋锚索的支护处理措施支护，C20混凝土护面墙厚1m，在护面墙下部设两排1000kN级锚索锚固，锚索长35m，间排距3m×3m，下倾角20°。施工时，先进行贴坡混凝土（仓内预埋锚索套管及预留锚墩孔）浇筑，混凝土等强后进行锚索造孔、安装、注浆、张拉。因蠕滑体多为松散体石渣，成孔较为困难，锚索造孔时采用

JX－80跟管钻机施工。

4.4 坡脚加固处理

在蠕滑体的坡脚，即3185.00m高程平台上，采用L形混凝土挡墙＋锚筋桩、锚索的形式处理。沿坡脚设置的C20混凝土挡墙基础尺寸为6m×2m（宽×高），上接梯形墙身，墙高4m，顶宽2m，墙背坡度1∶0.1；挡墙基础采用3根直径25mm的HRB335钢筋、长24m的锚筋桩锚固，墙体上布设四排1200kN的下倾锚索，长35m，上面三排下倾锚索与水平夹角为35°，最下面一排与水平夹角为45°。施工时，先进行挡墙基础开挖，再进行锚筋桩施工，随后进行挡墙基础混凝土浇筑。在墙体施工时，预埋ϕ159钢管，待挡墙混凝土浇筑完成且强度满足要求后，进行锚索钻孔、安装、注浆及张拉施工。

4.5 拉裂缝处理

依据拉裂缝张开的宽度、深度的具体情况选择C15的细石混凝土和M15水泥砂浆从缝口灌入，进行填充封闭处理，避免坡面水的冲刷及下渗，同时可以改善岩体的整体性，控制变形和开裂进一步恶化。施工时，对于较大的裂缝，采用人工灌入C15细石（一级配）混凝土，分层夯实。表面填筑M15砂浆作为保护层并抹平。对较小的裂缝直接采用M15砂浆回填。由于裂缝较小不易夯实，砂浆回填采用多次少量的方式，人工利用细棍捣实，表面砂浆抹平。

5 处理效果

本边坡通过削坡减载以及坡脚设置混凝土挡墙等加固措施后，边坡变形得到了基本控制，达到了预期效果。运行5年以来，通过现场巡视及监测资料表明，随着加固措施实施后，岩体的变形得到控制，后期的变形趋于收敛，边坡也没有新增裂缝，目前边坡处于稳定状态。

6 结语

在复杂地质条件下，特别是地质为软岩的高边坡开挖过程中，要重视切脚对边坡稳定的影响，及时采取措施加固坡脚。本文通过在高海拔严寒地区边坡变形的成功处理实例，对处理以后类似的边坡具有很大的启示和借鉴作用，并提出以下几点建议：

（1）在复杂地质条件下，应做好地质勘探工作。大型工程的边坡开挖应做好一定数量的地勘钻探施工，编制详细的地质报告，以便设计和施工准确、详细地掌握地质情况，制定合理的设计方案和施工措施。

（2）做好监测设计。通过设置平面变形综合观测点及多点位移计、锚杆应力计等安全监测仪器，及时掌握边坡施工过程中的岩体变化情况，以便设计和施工及时调整支护参数及施工方案，确保边坡稳定。

（3）做好开挖与支护。在复杂地质条件下的高边坡开挖，施工程序及爆破参数要根据边坡地质情况及时调整。同级边坡开挖应采用分段分区进行施工和支护，开挖和支护要同步协调进行，适时支护，保证支护能抑制边坡岩体的初期应力释放，调整一般施工程序中的开挖一级、加固支护一级的施工要求。

安哥拉SOYO公路砂石骨料生产系统及工艺改造

刘　旭/中国水利水电第四工程局有限公司

【摘　要】 本文介绍了安哥拉SOYO公路砂石骨料生产系统的工艺流程及设备配置情况以及运行和后期的工艺改造情况，对今后人工砂石骨料系统设计、安装、运行具有借鉴意义。

【关键词】 生产系统介绍　工艺改造

1　概况

安哥拉人工砂石骨料加工系统主要承担N'ZETO－SOYO公路工程级配碎石基层、沥青混凝土路面的砂石骨料的加工，本工程需要骨料总量为180万m^3（包含损耗）。

据施工进度要求，骨料加工系统设计处理能力为620t/h，砂石骨料加工生产能力为500t/h。

2　系统生产工艺流程与布置

2.1　系统布置

系统设计范围：毛料的受料、骨料加工、混合料、成品料堆存、采用胶带机运输等工作。包括毛料受料、粗碎、中碎、细碎、超细碎（制砂）、各筛分车间、混合料及成品料堆存等全部生产工艺设计、设备配置以及系统的布置设计。

砂石骨料生产系统由粗碎车间、半成品料堆、中碎车间、细碎车间、超细碎（制砂）车间、第一筛分车间、第二筛分车间、第三筛分车间、成品路基碎石混合料料堆、成品粗骨料料堆、成品细骨料料堆、胶带机输送系统、供电系统等组成。

2.2　骨料品种

砂石骨料加工系统主要承担本工程级配碎石基层、沥青混凝土路面的砂石骨料的加工，骨料为0～37mm的混合料、37～19mm、25～19mm、19～9.5mm、9.5～4.75mm四种粗骨料和4.75～2.36mm、2.36～0mm的细骨料。

2.3　系统生产工艺流程

系统采用四段式破碎，即粗碎、中碎开路生产，细碎、超细碎设有闭路调节的工艺流程，筛分为干法生产。整个系统的生产设计为干式闭环生产形式。

2.4　主要设备选型

（1）粗碎车间。设计生产能力为620t/h，处理最大进料粒径为700mm，选用2台颚式破碎机（C100）并列运行，单机破碎能力可达320t/h。设备负荷率约为71%。

（2）中碎车间。主要处理粗碎后的半成品小于250mm的石料，设计生产能力为600t/h，选用圆锥破碎机（HP300）2台，并列运行，单机破碎能力可达300t/h。

（3）细碎车间。主要处理第一筛分车间筛分后的粒径大于37.5mm的石料，设计生产能力为400t/h，选用2台反击破碎机（NP1110），并列运行，单机破碎能力为250t/h。

（4）超细碎车间。制砂采用立轴式冲击破碎机，干法生产。超细碎（制砂）设备采用B7150SE型立轴式冲击破碎机2台。

3　系统投产生产能力和质量情况

该系统于2009年3月初开始建设，9月20日开始试运行，10月15日完成设备的调试，全面投产。

3.1　系统生产能力

系统配置的设备设计能力与实际生产能力见表1。

表1　设备设计能力与实际生产能力对比表

设备名称	颚破	圆锥破	反击破	立破
排料口/mm	130	42	一级51、二级32	
铭牌产量/(t/h)	265～290	260～400	130	250～300
实测产量/(t/h)	150	300	130	250
双台产量/(t/h)	300	600	260	500

由表1可见该系统产能短板为粗碎颚破，该系统的总体产能为300t/h，为设计产能的60%。

月产量计算：依据产能300t/h计算月生产方量，双班8h制每月计算产量=57296m^3≈5.7万m^3。此产量计算在历史生产中得到了验证。

3.2　沥青混凝土分级料的级配平衡情况

2013年3月，根据施工需要，料场工区进行了沥青混凝土分级料的生产。生产工艺根据现场现有筛网的规格定为：使用第一筛分将大于37.5mm的超径料交由细碎反击破处理，使用第二筛分将大于25mm的超径料交由超细碎巴马克处理。生产级配比例和配合比比例对比见表2。

表2　生产级配比例和配合比比例对比表

各级配规格	0～4.75mm	4.75～9.5mm	9.5～19.5mm	19.5～25mm
沥青料各级配所占比例/%	21.1	30.7	26.2	22.0
实际生产各级配所占比例/%	38.2	21.8	25.5	14.5

3.3　骨料质量情况

级配碎石的粒度特性与公路规范要求大致一致，0.425～37.5mm连续级配的通过率曲线都在规范要求的曲线上限与下限之间，由于发电机电力限制生产级配碎石时巴马克没参加运行，0.425mm级以下的细颗粒含量偏低。今后的生产中，合理分配巴马克参与生产，0.425mm级以下的细颗粒含量可提高至合格水平。

4　系统的可优化部分

4.1　系统布置

系统布置开采区距离粗碎卸料点2km，经过陡坡下山，再运至卸料点，最大坡度为25%。现场采用16辆奔驰车，专车专用于毛料运输。使用成本高，并存在交通安全事故隐患。

骨料场的布置运距应尽可能短，减少运输机械功率的消耗。不应使道路坡度过陡引起运输事故。该料场的地形不应下上粗碎，而应就近选择较高的高程位置作为粗碎卸料平台，既避免重车下坡的安全隐患，又适用于任何自卸车辆，可降低运输成本，且最大限度地增加半成品廊道的存量。

4.2　设备选型

(1) 粗碎。经实测，粗碎颚破的产能为该系统最大短板，也是该系统无法达到设计产能的最主要原因。在砂石加工系统中，粗碎作为第一道边缘工序，受到岩性、开挖粒径、供料方式等众多因素影响，产能存在不确定性，应考虑30%左右的不均匀系数。

(2) 细碎。细碎反击破检修难度大，由于岩石的硬度与磨耗系数大，钨合金板锤磨损速度0.65mm/h左右，对细碎设备的衬板磨损严重，维修量大，成本高，设备选型时应充分考虑岩性。

4.3　料堆容量

半成品料堆容量不足，系统半成品料堆堆积容量为3500m^3，活容积为1500m^3，在运行时存在粗碎车间检修时，下游工序待料停机，而下游设备检修时，料堆满仓停机的现象，生产的连续性受到影响。在维修周期大、设备可靠性不高的情况下还可根据实际需求加大。

5　系统后期改造

5.1　系统改造针对的生产任务

按业主要求，SOYO公路须在2017年6月底完工，如2016年1月正式开工进入赶工状态，工期为18个月。

工程量计算：级配碎石压实体积461500m^3；沥青混凝土压实体积183808m^3。经计算需要完成的两种（级配碎石和沥青分级料）骨料总需要量为自然堆积方量90.62万m^3。

计划2016年1月恢复生产，工期18个月，有效生产时间为15个月。

5.2　系统的改造方案

5.2.1　改造时间计划

改造计划从1月初开始进行基础施工，并在4月新设备和物资到达以前具备设备安装条件。计划4月底完成设备安装调试工作，5月全面生产。

5.2.2　改造基本内容

（1）增加1台细碎圆锥破（产能：210t/h）设备，替代或加强细碎的破碎能力。

（2）为15号皮带机加装转料皮带机，提高级配碎石的堆料高度。

（3）采石场下山道路铺筑混凝土路面，改善运输条件，增加运输安全性。

（4）同步敷设喷淋管道降尘，夜间灯光照明设施，仓库等基础建设。

5.3　系统改造方案的现场修改

2月，在改造的过程中，根据新增设备情况，先后进行了产能、设备兼容、级配平衡等基本技术指标分析。

5.3.1　产能基本技术指标分析

（1）产能分析。

1）系统四级破碎设备的工艺顺序及生产能力为：粗碎颚破300t/h→中碎圆锥破600t/h→细碎反击破565t/h→超细碎500t/h。根据木桶理论，该系统的总体产能取决于产量最低的设备，系统的总体产能为300t/h。该系统产能短板为粗碎颚破，这也是该系统无法达到设计产能500t/h的主要原因。

2）由于原计划改造没有改变粗碎的产能，新增设备安装后系统各级破碎设备的工艺顺序及生产能力为：粗碎颚破300t/h→中碎圆锥破600t/h→细碎反击破565t/h＋细碎圆锥破210t/h×80%→超细碎500t/h。系统总体产能仍然为300t/h，月产量计算为5.7万m^3/月，2016年5月投产至2017年4月，共12个月×5.7万m^3/月＝68.4万m^3。

（2）分析结论。由于改造计划用时4个月，且系统整体产能没有改变，导致了原计划方案已经无法达到90.62万m^3的任务要求。

（3）指标的重新设定。

1）系统不做任何改造直接生产，依靠原系统5.7万m^3/月的产能（此产能在历史生产中是得到验证的），基本满足任务要求，但是在1月如果没有执行，就过了时效期。任何改造方案如果超过6月，都超过了系统产能长板，都是不可行的方案。

2）在时间不可逆转、5月才能投产的前提下，有效的解决办法就是在原计划方案的基础上新加装1台颚破（型号：PE－750×1060，产能130t/h），尽快弥补系统的产能短板粗碎，直接有效地提高系统的整体产能，达到不小于7.55万m^3/月，才能满足任务需求。

（4）加装1台颚破（型号：PE－750×1060）后产能计算。

1）加装这台颚破后，系统各级破碎设备的工艺顺序及生产能力为：粗碎颚破300t/h＋130t/h→中碎圆锥破600t/h→细碎反击破565t/h＋210t/h×80%→超细碎500t/h，系统总体产能为430t/h。

2）双班8h制每月计算产量＝78394m^3≈7.84万m^3。计划5月投产：7.84万m^3/月×12个月＝94.08万m^3，满足要求。

5.3.2　新增设备兼容性分析

（1）计划方案主要的改造就是解决反击破的维修成本和检修量问题。通过改变设备类型解决磨耗成本，减小检修量，从而达到连续生产的效果。但是在核实新买圆锥破碎机的产能的时候，发现此圆锥破无法达到预期效果。上道工序中碎圆锥破生产能力超过设计生产能力，生产能力为600t/h。第一筛分车间过筛大于37.5mm的超径石含量经试验测得最大值为46%，那么进入细碎的最大料流为600×46%＝276t/h。根据过去的使用经验，设备产能往往达不到铭牌产量，圆锥破碎机GP220的铭牌产能为210t/h，预估实际产能为210t/h×80%＝168t/h＜276t/h。

（2）通过上面分析，可以看出新增加圆锥破碎机GP220，不能彻底解决磨耗成本、检修量的问题，无法替换细碎反击破，且无法独立融入系统。

（3）解决办法为：三台设备联合使用同一料仓，共同承担细碎生产。新加圆锥168t/h＋反击破260t/h＝428t/h＞细碎最大料流276t/h，联合使用满足系统要求。

5.3.3　分级料生产的级配平衡分析

系统经过改造，5月份开始生产，每月7.84万m^3，基本满足强度要求。但抗风险能力低，如果不进行级配平衡分析，容易造成沥青分级料4.75～9.5mm这一级配缺少，导致有效产量不足。

在级配平衡调整中，绝对的平衡是不存在的。工艺调整追求的是更加接近平衡，更加接近生产需求。2011年级配碎石级配曲线如图1所示。

根据历年生产试验结果可见，如果不利用调节料堆对级配进行调整，将得到的沥青分级料级配比例见表3。

表3　实际生产级配比例和配合比比例对比表　%

各级配规格	0～4.75mm	4.75～9.5mm	9.5～19.5mm	19.5～25mm
沥青料各级配所需比例	21.1	30.7	26.2	22.0
历史生产各级配所占比例	38.2	21.8	25.5	14.5
不调整各级配所占比例	40.4	15.2	27.1	17.3

由表3可见，如果不利用调节料堆对级配进行调整，4.75～9.5mm这一级配的骨料所占比例会很小。如果通过超产的方法来满足生产需要，超产率为(0.307－0.152)/0.152×100%＝102%，超产率极大，超产28.05万m^3。因此必须利用调节廊道进行调整。

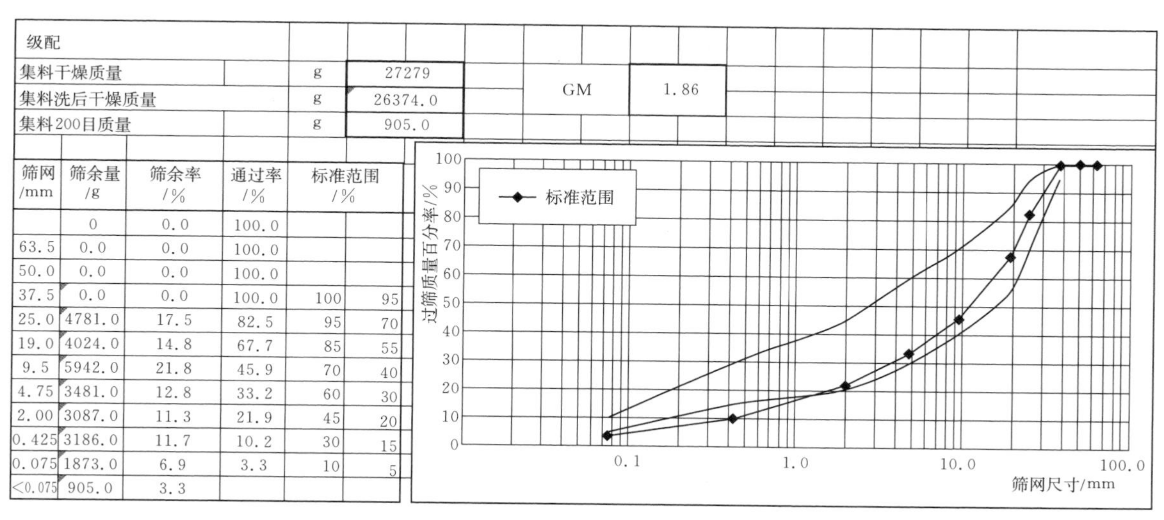

级配				
集料干燥质量	g	27279	GM	1.86
集料洗后干燥质量	g	26374.0		
集料200目质量	g	905.0		

筛网/mm	筛余量/g	筛余率/%	通过率/%	标准范围/%	
	0	0.0	100.0		
63.5	0.0	0.0	100.0		
50.0	0.0	0.0	100.0		
37.5	0.0	0.0	100.0	100	95
25.0	4781.0	17.5	82.5	95	70
19.0	4024.0	14.8	67.7	85	55
9.5	5942.0	21.8	45.9	70	40
4.75	3481.0	12.8	33.2	60	30
2.00	3087.0	11.3	21.9	45	20
0.425	3186.0	11.7	10.2	30	15
0.075	1873.0	6.9	3.3	10	5
<0.075	905.0	3.3			

图1　2011年级配碎石级配曲线图

通过改变工艺线路对级配进行调整，级配会更加趋于平衡。沥青骨料生产工艺设计图如图2所示。

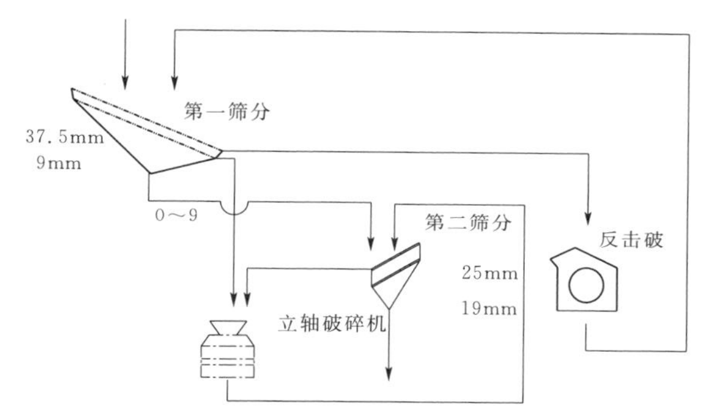

图2　沥青骨料生产工艺设计图

通过在第一筛分加装9.5mm×9mm的筛网，通过对9mm以上骨料在巴马克的重复加工，可以重复得到9mm以下的骨料，弥补了4.75～9.5mm这一级配的不足。

通过试验结果进行理论分析结合历史生产经验，制定合理的工艺线路及早审定筛网计划，避免无用配件浪费资源及无用试验行为，也是沥青分级料顺利生产的必要条件。

5.3.4　现场修改建议

(1) 在原计划改造方案基础上立即加装1台颚破（型号：PE－750×1060），有效地提高产能。

(2) 三台细碎设备（2台反击破＋1台圆锥破GP220）联合使用同一料仓，共同承担细碎生产。

(3) 制定合理工艺线路，对沥青分级料级配进行平衡调整，避免错购筛网造成经济损失尤其是时间损失。通过技术分析，避免不必要的重复试验。

5.3.5　改造工作节点

(1) 原计划方案改造工作在2016年5月20日完成。

(2) 独立加装的颚破（型号：PE－750×1060）在2016年6月20日完成。

5.4　系统改造后的生产情况

(1) 生产能力情况。改造工作在2016年5月20日完成，系统恢复生产，由于新增颚破安装尚未结束，产能短板还未弥补。系统产能大约5.5万m^3/月。独立加装的颚破（型号：PE－750×1060）在2016年6月20日完成。产能短板得到弥补，产能达到7.5万m^3/月以上。

(2) 三台细碎设备联合使用同一料仓生产，反击破承担80%的料流，新增圆锥承担20%的料流，磨耗得到了一定缓解。

(3) 采石场下山道路铺筑混凝土路面，运输条件及安全性得到较大提高。

6　结语

安哥拉SOYO公路砂石骨料生产系统作为一个大型砂石骨料加工系统，其诞生的背景是砂石骨料需求量大，售后服务支持不足，对可靠性、经济性、通用性、可维护性等指标都有特殊的要求。其工艺设计、设备选型、系统布置、安装以及运行情况对今后的类似系统都有很好的借鉴价值。整个系统的设计通过生产实际的检验，可以得出以下的结论：

(1) 整个系统的设计工艺先进，功能健全，满足各级配骨料的生产需要。

(2) 设备选型有一定失误，形成了粗碎产能短板和细碎维护短板，导致系统产能不足，可维护性不强，使用成本高。

(3) 后期的改造经过计划改造和现场调整，基本满足生产任务需求。但随着系统的复杂化，后期的维护有一定难度。

(4) 系统布置对现场有利地形的利用欠佳。

在今后的系统设计和系统改造中，SOYO公路砂石骨料加工系统在系统布置、设备选型、工艺设计等方面都是个很好的借鉴，在类似设计改造中，技术管理工作的步骤应为：基础资料收集→设计输入→技术方案→方案评审→实施→验收→评价，且须实行多方案比选原则，有效提高设计方案及改造方案的经济性和有效性。

浅谈水电水利工程人工砂石料质量控制

罗　艳/中国水利水电第八工程局有限公司

【摘　要】在水工混凝土中，按体积计砂石骨料占80%～85%，按重量计占85%～90%，由此可见砂石骨料的质量直接影响着混凝土的性能，砂石骨料质量控制是混凝土质量控制的基础。成品砂石骨料的质量，首先决定于砂石原料自身的质量，但加工质量对混凝土的性能也有重大的影响，且在一定的程度上影响混凝土的水泥用量，因此必须在生产过程中加以严格控制。特别人工砂石料原料的质量、软弱颗粒含量、含泥量、针片状含量、石粉含量、细度模数和含水率对混凝土性能影响较大，且在砂石料生产过程中难以控制，要尽可能防止各种质量问题的出现，改善提高砂石骨料最终成品的质量，以保证混凝土质量。本文主要阐述人工砂石料质量控制关键技术，希望能对人工砂石骨料系统建设有所参考。

【关键词】人工砂石料　含泥量　针片状含量　石粉含量　细度模数　质量控制

1　前言

在水工混凝土中，按体积计砂石骨料占80%～85%，按重量计占85%～90%，由此可见砂石骨料的质量直接影响着混凝土的质量，砂石骨料质量控制是混凝土质量控制的基础。我国水利水电工程建设由于天然砂石料的运输距离、运输方式、储量、质量等因素往往难以满足要求，而人工砂石料具有不受洪水条件限制、可以均衡生产、岩种单一、级配调整灵活、对环境影响小等优点。自20世纪70年代我国在大型水电工程贵州乌江渡水电站工程施工中首次成功全部使用人工砂石料以来，人工砂石料已经得到了广泛的应用，大中型水电工程大部分是采用人工砂石料生产系统。成品砂石骨料的质量，首先决定于砂石原料自身的质量，但加工质量对混凝土的性能也有重大的影响，且在一定的程度上影响混凝土的水泥用量，因此必须在生产过程中加以严格控制。特别是人工砂石料原料的质量、软弱颗粒含量、含泥量、针片状含量、石粉含量、细度模数和含水率对混凝土性能影响较大，且在砂石料生产过程中难以控制，要尽可能防止各种质量问题的出现，改善砂石骨料最终成品的质量，以保证混凝土质量。

2　人工砂石料的质量技术标准

2.1　水工用人工细骨料（砂）质量要求

（1）水工用细骨料（砂）应质地坚硬、清洁、级配良好、细度模数应在2.4～2.8范围内。

（2）细骨料的含水率应保持稳定，并控制在中值的±1%范围内，表面含水率不宜超过6%。

（3）水工用的人工细骨料（砂）的质量技术要求应符合DL/T 5144—2015《水工混凝土施工规范》有关规定（表1）。

表1　水工用人工细骨料（砂）的质量技术要求

序号	项目		指标	备注
1	表观密度/(t/m^3)		≥2.5	
2	含泥量		—	
3	泥块含量		不允许	
4	0.16mm及以下颗粒含量/%		6～18	最佳含量通过试验论证确定，经过试验论证可适当放宽
5	坚固性	有抗冻要求的混凝土/%	≤8	经试验论证确定可适当调整
		无抗冻要求的混凝土/%	≤10	
6	硫酸盐及硫化物的含量/%		≤1	换算成SO_3含量，按质量计
7	云母含量/%		≤2	
8	有机质含量		不允许	
9	细度模数		2.4～2.8	
10	轻物质含量		—	

2.2 水工用粗骨料质量要求

（1）水工用粗骨料应质地坚硬、清洁、级配良好；如有裹泥或污染物等应清除，如有裹粉应经试验确定允许含量。

（2）水工用粗骨料的质量技术要求应符合 DL/T 5144—2015《水工混凝土施工规范》有关规定（见表 2）。

表 2　　水工用粗骨料质量技术要求

序号	项目		指标	备注
1	表观密度/(t/m^3)		≥2.55	
2	超径含量	原孔筛/%	<5	
		超、逊径筛	0	
3	逊径含量	原孔筛/%	<10	
		超、逊径筛/%	<2	
4	吸水率/%		≤2.5	
5	坚固性	有抗冻要求的混凝土/%	≤5	经试验论证确定可适当调整
		无抗冻要求的混凝土/%	≤12	
6	针片状颗粒含量/%		≤15	经试验论证确定可适当调整
7	含泥量/%		≤1	*D*20、*D*40 粒径级
			≤0.5	*D*80、*D*150 粒径级
8	泥块含量/%		不允许	
9	硫酸盐及硫化物含量/%		≤0.5	换算成 SO_3 含量，按质量计
10	有机质含量		浅于标准色	
11	各级粒径的中径筛余量/%		40～70	方孔筛检测

砂石料作为混凝土骨料的主要组成部分，其含泥量、软弱颗粒的含量、针片颗粒含量、砂的细度模数、石粉含量和含水率的高低对混凝土密实度、和易性及物理力学性能有着重要的影响。以下结合国内人工砂石料系统的实践，对砂石料料源、软弱颗粒含量、含泥量、针片颗粒含量、成品砂石粉含量、成品砂细度模数、成品砂含水率等质量控制作简要介绍。

3　人工砂石料生产质量控制关键技术

3.1 砂石料原料的质量控制

砂石料原料本身的质量应满足《水工混凝土施工规范》的要求，一般避免采用具有碱活性的原料。凡采用砂岩等岩性变化大的原石料制砂时必须通过试验，取得可靠的资料。对于转运次数多、抛落高度大的系统，一般应做石料磨耗试验。在符合质量要求的条件下应选取可碎（磨）性好、磨蚀性低、粒型好、相对密度大、弹性模量和热膨胀系数小的岩石。不同类型的岩石，具有不同的特性，岩石标本取自不同的地区、不同的采场或同一采场探洞、但不同深度的同一岩类两个标本，有时也有不完全相同的特性。岩石性质极大地影响着破碎设备的选用，影响着人工砂石料产品的质量和成本。因此，在大中型水电站混凝土坝工程中，选用人工砂石料原料时必须细致地分析了解岩石性质，并通过小型试验，试验室试验，甚至组合性的半工业性试验来鉴定岩石性质对设备及混凝土的影响，然后经过技术经济比较，做出最终的合理选择。

3.2 软弱颗粒含量的控制

软弱颗粒的含量对一般和内部混凝土不应超过15%，对外部和有抗磨要求的混凝土不应超过 5%。过量的软弱颗粒对混凝土的强度、抗磨和耐久性有明显的影响。由于软弱颗粒处理工艺复杂，费用较高，因此通常在料源源头采用人工控制，主要是肉眼分析判断。一般工程以弱风化带下部作为料场无用层与有用层的分界线，将料场无用层作为弃料。另外合理组织采石场施工，采用先剥离无用层、后开采有用岩石的开采程序，达到减少软弱颗粒含量的目的。

对于岩石强度与吸水率的大小变化与岩石埋藏深度关系不太明显，没有明显的强弱风化层之分，出露岩性和深埋岩性接近，采石场的质量控制主要是对溶洞和夹泥层地带含泥量的控制。例如，石灰岩地区主要化学成分是 CaO，风化物容易流失，因此石灰岩地区多见溶洞、溶沟、岩石出露，形成“喀斯特”现象。如光照水电站基地料场采石场，工程区岩溶中等发育或强发育，其粒径为 0.5～2cm 的小晶孔、小溶孔特别发育，白云岩多溶蚀风化呈砂状。因此在有用层中分布断层、挤压面、岩溶等软弱夹层，在采料过程中就应预先剔除。如阿海水电站新源沟砂石系统采石场，据地质测绘和勘探揭露，灰岩喀斯特弱—中等程度发育，溶洞、溶蚀裂隙、溶孔、溶穴多处有分布。推测溶洞、溶蚀裂隙占总开采量的 4%～5%，在开采过程中也应预先弃除。对于这种强弱风化层不太明显、多溶沟、多溶洞的岩石首先采取肉眼分辨，预先弃除，也有采用高压水冲洗的方法，以使软弱颗粒含量满足砂石料质量要求。

3.3 含泥量的控制

人工砂石料生产工艺一般不会产生泥块，主要是对砂石料含泥量的控制。成品砂石料含泥量的控制分源头控制、系统加工工艺控制及生产组织措施。

源头控制工序主要是合理组织料场施工，严格区分弱风化和强风化界限，将强风化料作为弃料。

系统加工工艺控制程序：在干式生产中，将经粗碎后的岩石中的微量含泥进行分离加工，筛去0～20mm的颗粒，阿海新源沟砂石系统就是采用这种方法弃除原料中的部分含泥量大的部分。在湿式生产中，一般设计多级冲洗机，并设置专门的清洗设备进行处理，即将0～40mm岩石全部进入洗泥机，为了洗去泥块，专门设置冲洗脱水工序对成品粗骨料进行清洗，有效保证骨料含泥量达标。

生产组织措施主要禁止无关设备和人员进入成品料堆场；堆料场地面应平整，并有适当的坡度和截排水设施；对于大型堆料场，地面应有粒径40～150mm的干净料、压实的石料垫层做护面；成品料的堆存时间不宜过长，尽量做到及时周转使用，如系统中无二次筛分设施，而粗骨料污染又较严重时，还应在进入拌和楼（站）前设冲洗脱水设施。

3.4 针片状含量的质量控制

人工粗骨料针片状含量的质量控制措施主要通过设备的选型，其次是在生产工艺上调节进料的块度。

由于各种岩石的矿物成分、结构和构造的不同，岩石破碎后的粒形和级配也不尽相同。质地坚硬的石英砂岩及各种侵入火成岩粒形最差，针片状含量多，而中等硬度的石灰岩、白云质灰岩针片状含量很少。通过大量的试验证明，不同的破碎机产生针片状含量效果不同。颚式破碎机比旋回及圆锥破碎机生产的粗骨料的针片状含量略高，而反击式特别是锤式破碎机生产的粗骨料的针片状含量显著降低。在五强溪工程开采的石英岩、石英砂岩呈块状构造、粒状结构，一般为硅质胶结，主要矿物成分为石英（SiO_2），无节理，因而质坚性脆。通过试验证明：用圆锥式破碎机破碎时粉碎状成分多，而且骨料中针片状颗粒含量高；用锤式破碎机或反击式破碎机破碎时，骨料粒形相对较好。因此，为了有效地控制针片状含量，对于岩性不太好的，尽量避免采用颚式破碎机和圆锥破碎机，一般采用反击式破碎机。

粗碎的针片状含量大于中碎，中碎的针片状含量又大于细碎。说明破碎比越大，针片状含量越大，为改善骨料粒形，在生产工艺上应尽量减小粗碎前的块度，并尽量利用粗碎及中碎后的小石及中石制砂，利用细碎后的中小石作为粗骨料的成品，这样也可以严格控制针片状含量。

3.5 石粉含量的质量控制

人工砂石粉含量指人工砂中小于0.16mm的颗粒的含量，人工砂石粉中小于0.08mm的颗粒可以视为一种惰性掺和料，适当的石粉含量可以改善混凝土的和易性，提高混凝土密实性，对提高混凝土性能有利。在国内，绝大多数水电站混凝土用砂技术参数要求中，石粉含量要求在6%～18%，对碾压混凝土用砂的石粉含量要求12%～22%。国内大型人工砂石系统大多碾压砂石粉含量不足，也有工程用砂石粉含量超标现象发生。

干法制砂工艺中人工砂中的石粉含量一般较高，能满足质量标准要求。也有发现存在石粉含量大于标准的情况，这时应考虑部分湿式生产，洗去部分石粉或选用风机吸尘器设备吸出部分石粉，以满足标准要求。三分离选粉机成功用于锦屏一级水电站项目，试验结果取得了良好的效果。阿海新源沟砂石系统也安装了4台三分离选粉机去掉成品砂多余的石粉。

湿法制砂工艺中人工砂中的石粉含量一般较低，大多数工程均要求回收部分石粉，以满足工程需要。水电工程人工砂中的石粉回收主要有机械回收方式和人工回收方式两种。在大型人工砂石料生产中或场地狭窄的工程，工艺上需设计石粉回收车间（或称细砂回收车间），即将筛分车间和制砂车间螺旋分级机溢流水中带走的石粉通过集流池，再回收利用。在小型人工砂石料生产中或场地宽敞的工程，也采用人工回收方式，来控制人工砂中的石粉含量，即对生产过程中洗砂机排放溢流水进行自然存放脱水，自然存放脱水后的细砂可以用装载机配合自卸汽车运输进行添加。为了有效地控制石粉含量，常采取以下措施：

（1）通过不断试验，有效控制石粉的添加量。

（2）在石粉添加斗的斗壁附有振动器，斗下安装一台螺旋分级机，通过螺旋分级机均匀地添加到成品砂入仓胶带机上，使石粉得到均匀混合。

（3）废水处理车间尽量靠近成品砂胶带机，能用胶带机顺利转运，经压滤机干化后的石粉干饼经双辊破碎机加工成松散粉末状，防止石粉成团。

（4）在施工总布置中要考虑一个石粉堆存场，堆存场既可以调节添加量，又可以通过自然脱水降低含水率，在一定程度上调节成品砂的含水率。

3.6 细度模数的质量控制

在湿式生产时，一般配置棒磨机制砂，人工砂的细度模数控制工艺取决于棒磨机和细砂回收工艺。

在干式生产时，其小于0.16mm颗粒的含量已存在砂中，无须考虑回收细颗粒。在成品砂的质量控制中一方面处理立轴破碎制砂与经多级破碎后的粗砂细度模数偏大问题，在工艺上去掉3～5mm部分的粗颗粒，使其自身的细度得到控制。另一方面着重分离处理0～0.16mm微粒的含量，以控制成品砂细度模数。为了有效地控制成品砂细度模数，可采取以下措施：

（1）通过试验测试砂的细度模数，使成品砂细度模数控制在规定的范围内。

（2）若发现细度模数偏大，颗粒级配偏差，应调整棒磨机进料粒径、进料量、装棒量等，或调整筛分楼的开机组数，调整生产量。

（3）调整筛分楼的筛网直径，也可以调整颗粒级配和细度模数。

（4）有许多系统配备超细碎车间进行粗砂整形，有效调整砂的细度模数和级配组成。

3.7 含水率的质量控制

为了使含水率降低到规定范围内且稳定，目前大型工程主要采取机械脱水方式，中小型工程则以自然脱水为主。另外在生产中必须严格遵守操作规程，对堆料砂仓进行合理的改造和堆存，也可以有效控制人工砂含水率。一般采取如下措施：

（1）一般系统工艺中首先要采用机械脱掉砂中大部分水分。目前采用最多的是振动筛脱水工艺，经直线脱水筛脱水后的砂，能将原含水率20%～23%的砂脱到14%～17%；也有采用脱水效果好投资费用相应大的真空脱水和离心脱水。

（2）人工砂下料、堆存脱水及人工砂取料分开进行的，一般堆存脱水3～5天后可使含水率降低到6%以内且稳定。

（3）使干法人工砂和脱水筛的人工砂混合进入成品砂仓，可降低砂的含水率。

（4）在成品砂仓顶部搭设防雨棚，砂仓底部浇筑混凝土地板，并设置盲沟排水设施。每仓放完料后对盲沟进行一次清理，加快自然脱水时间，也可有效降低成品砂含水量。

4 结语

我国水电水利工程人工砂石料加工技术得到了迅速的发展，砂石料加工一方面采用了大量的高性能破碎加工设备，这些设备破碎比大、处理能力高、产品粒形好；另一方面采用了改进筛分效率、改进成品料质量、有利环境保护的设备，提高了工作效率，既达到了提高成品质量的目的，又显著地降低了生产成本，在人工砂石料质量控制技术方面取得了一系列的科研成果，取得了良好的经济与社会效益。

浅谈隧道初期支护换拱施工技术

王程伟/中国水利水电第四工程局有限公司

【摘　要】 隧道初期支护由于各种原因，可能会造成洞内围堰的严重变形，甚者会侵入二衬限界无法保证二衬厚度，需要通过换拱处理。换拱施工危险性较大，难度较高。本文结合云南省晋红高速项目隧道工程施工实例对换拱施工技术进行了论述总结。

【关键词】 隧道初期支护　严重变形　影响二衬厚度　换拱施工

1　引言

隧道工程施工中，由于复杂的地质条件和不可预见的多种因素，会导致洞内围堰的变形，严重时会造成初期支护超过预留的变形量，侵占二衬空间，影响支护体系的稳定。对于侵入轻微但不满足设计要求的需进行消缺处理，对于侵入严重的须要通过换拱来保证二衬的厚度。换拱的过程实际是对一个受力体系的破坏，是对围岩压力的一种释放后再约束的过程，相对而言换拱危险系数较大。采取必要的技术措施保证换拱的质量、安全及进度极其关键。本文通过两个一衬严重超标的工程实例总结，论述了隧洞换拱的工艺。

2　技术要点及适用范围

严格的换拱监控量测体系建设，准确的量测数据，可靠的工艺参数，处理过程围岩应对围岩内力重新组合的临时平衡支撑，可靠的围岩灌浆处理工艺措施，满足设计要求的拱架施工质量是换拱的关键技术要点。

（1）完整的换拱监控量测体系是安全施工最有力的保障，换拱前的监控量测是安全施工的前提，准确的量测数据，可为施工提供可靠的施工工艺参数；换拱中实时的监控量测可为施工过程提供安全保障，换拱后的监控量测可为日后的二衬施工以及下一循环的工序提供安全评估的依据。故施工中建立可靠的检测体系异常重要。

（2）开始径向注浆前的临时支撑平衡了注浆过程中隧道拱部及边墙增加的浆液压力，应保证其施工质量。

（3）拱架拆除前的径向小导管注浆固结了松散岩体，增加了围岩自承能力，发挥了新奥法的核心原理作用，使拱架拆除过程中的安全性得到较大提高，同时也加快了后续施工速度，保证了工期。

该技术适用于已完成初期支护，但由于围岩收敛造成初期支护侵入二衬空间，严重影响二衬厚度的状况。

3　工艺原理

（1）通过临时支撑，实时的保证施工过程中的受力平衡，包括注浆、拱架拆除与安装时的临时支撑等。

（2）通过注浆，提升围岩自身的稳定性，保证了换拱施工的安全性。

4　施工工艺流程

施工流程：监控量测→临时支撑→注浆→拆旧拱架→装新拱架→超前小导管→喷混凝土→监控量测→下一循环。

5　操作要点

5.1　监控量测

（1）监控量测为换拱施工的开始提供数据信息指导，包括初期支护收敛的部位和程度、拱架受力最大单元等，通过这些数据分析能够预制新拱架提供依据，同时为临时支撑提供支撑的侧重点。

（2）监控量测可为换拱是否成功提供评价依据，安装完新拱架并喷射混凝土结束后通过监控量测数据分析，得出初支面是否收敛，受力是否趋于稳定，从而反映出换拱效果。

（3）监控量测不仅为换拱的开始和结束提供数据指导，也贯穿于整个换拱的过程。在注浆的过程中，通过监控量测可以知道浆液压力对初支面的影响，包括初支面的收敛和变形情况，各部位的受力情况，从而指导注浆速度、浆液浓度、注浆部位的选择和调整。在拆除旧拱架和安装新拱架时，通过监控量测可以知道围岩的压力是否突然变化，以便及时安排人员撤离或通过加强临时支撑等来避免危险的发生。

5.2 临时支撑

（1）如果说监控量测为施工过程提供数据保障，那么临时支撑就是为施工过程提供措施保障，通过合理实时的临时支撑，保证整个围岩支撑体系的受力平衡是安全快速施工的必要条件。

（2）使用工字钢架设斜支撑来稳固边墙，斜支撑的脚部可以通过锚索或者浇筑简易混凝土墩座来固定，上部可以通过焊接固定到初期支护工字钢上。

（3）架设竖向钢支撑来保证拱部受力，临时钢支撑必须与初期支护工字钢无缝隙连接，保证竖向钢支撑能在第一时间起到平衡压力的作用。

（4）如果围岩过于破碎或沉降比较明显，应对换拱区间加临时护拱，护拱采用工字钢。

（5）如果换拱区段还没有进行仰拱施工，需在换拱前设立临时仰拱，保证整个初期支护的受力闭合。

（6）临时支撑不只是在换拱前架设，它也是要贯穿于整个换拱过程的，在实时的监控量测体系下，不管是在哪个环节，只要发现受力不平衡就要选择性的进行临时支撑来平衡受力，情况严重的可以通过注浆配合施工。

（7）在整个施工过程完成后，应该有选择有顺序的拆除临时支撑，避免压力集中释放。

5.3 注浆

（1）在完成临时支撑后，采用 $\phi42\times4$ 无缝钢花管按梅花形，沿径向在拱部及边墙范围内进行布设，长度为5m左右，可根据实际情况适当调整。

（2）浆液一般采用水泥浆液，如果围岩过于破碎，渗水很严重，且工期紧张，可采用双液注浆。浆液为水泥、水玻璃或遇水膨胀的树脂化工材料。注浆的过程应实时进行监控量测，根据监控量测的情况调整注浆速度、浆液浓度、注浆部位。

5.4 拱架的拆除与安装

（1）等到浆液凝固并且围岩的沉降稳定时，一般为7天后，才可进行换拱作业。拆除和安装过程实时监控量测，随时指导临时支撑平衡施工过程中的受力变化，及时预报突发情况，保证人员安全撤离。

（2）换拱的过程遵循先墙后拱法分单元逐榀进行，对当前单元进行置换拱架时，先固定与其连接的单元，可以采用增加临时支撑，打设锁脚锚杆等方式。当新拱架安装完成后在其两端增设锁脚锚杆固定并增加临时支撑。对被水浸泡过的软弱围岩还需做混凝土等材料的衬垫，扩大受力面积，增加支撑锚脚的支撑力。

（3）凿除旧的初支结构时要尽量采用风镐，减少对围岩的干扰，并且凿除时要考虑预留变形量。

（4）置换边墙拱架时要加强对拱部的临时支撑，避免掉拱隐患的发生。

（5）换拱完成后及时进行喷射混凝土作业。

5.5 超前小导管

（1）由于原来支护结构的影响，换拱过程中超前小导管的施工非常困难，岩层中存在原来的超前小导管、系统锚杆、钢筋网等，钻孔阻碍大，操作空间不足，对小导管的上仰角和搭接长度不宜控制。换拱施工中超前小导管可以根据实际情况来布设。

（2）超前小导管采用 $\phi42\times4$ 钢花管，长度根据工字钢间距、搭接长度和上仰角来确定，如果工字钢间距为50cm，上仰角为5°～15°，最小搭接长度为1m，那么小导管加工长度为每根4.5m、间距为30cm。

（3）通过打设超前小导管并进行注浆使拱部形成棚状支护，当拆除循环内的钢拱架时，棚状结构会阻止围岩的变形、塌方和掉块现象的发生。

6 施工应用

6.1 蔡官营隧道中的应用

云南省昆明市晋宁县至玉溪市红塔区高速公路蔡官营隧道为一座双向六车道连拱隧道，进洞口位于玉溪市大营街镇甸苴村，出口位于师旗村，隧道所在路段纵坡为2%，隧道最大埋深约为52.5m全长415m，其中进口明洞设计为11m，出口明洞设计为30m，设计Ⅴ级围岩254m，Ⅳ级围岩12m。

隧道洞身段地表水不发育，地下水为基岩裂隙水，旱季施工开挖可能出现点滴状出水，雨季可能出现淋雨状或涌流状出水。进出口段岩性以土状全风化板岩和强风化板岩为主，洞身段岩性以强—中风化板岩为主，节理发育、岩体破碎—极破碎，拱部无支护时可产生较大坍塌，而且隧道在K40＋262位置下穿地表水泥路，水泥路与隧道近于正交，埋深 27m，围岩为全、强风化板岩。洞身左侧地表还有几处房屋和玉溪市玉泉酒厂等若干建筑物。其中玉溪市玉泉酒厂距离隧道洞身水平距离最近约为 78m，埋深 19m，地表房屋距离洞身水平距离最近约为 20m，埋深 40m。开挖进行到隧道中部时，初期支护发生变形，侵入二衬空间，使二衬厚度不能满足设计要求。通过短时间换拱，节约了成本，保证了工期，由于采用了该工艺技术施工，防止了意外塌方现象的发生，保证了施工质量和安全，取得了良好的经济效益和社会效益。

6.2 光山 4 号隧道的应用

云南省昆明市晋宁县至玉溪市红塔区高速公路光山 4 号隧道为一座双向六车道分离式隧道，右幅隧道全长 4484.31m，隧道所在路段纵坡为－0.911％、－1.400％；隧道最大埋深约为 175m。左幅隧道全长 4523.56m，隧道所在路段纵坡为－0.911％、－1.400％，隧道最大埋深约为 173m。

隧道布设于九龙池公园上方，环玉溪盆地边缘，穿越光山山体，隧道所在区域上位于扬子板块次级构造单元康滇古隆起部位，在经向构造体系的小江断裂与普渡河断裂间，新构造运动强烈，主要表现为地壳抬升及地震活动，造成断裂、褶皱构造发育。在施工的过程中，该隧道围岩变化快，出现溶洞，开挖支护存在一定的难度，而且隧道为特长隧道，属于工期控制性工程。由于该隧道地质环境的复杂多变，施工的过程中发现有初期支护变形严重的状况，最严重的地方已经没有了二衬的空间。通过换拱施工保证了工程的质量和人员机械的安全。

7 结语

通过该工艺技术在云南省晋宁县至红塔区高速公路Ⅳ标段蔡官营隧道和光山Ⅳ号隧道工程中成功运用，说明该工艺是成功可行的。换拱施工减少了炸药的使用，节约了火工材料；采用风镐等机械开挖方式，增加了开槽的精准度，超欠挖值可控制到最小，减少了喷射混凝土的使用量；拆除旧工字钢修整检验合格后还可以作为临时支撑重复利用，降低了钢材的消耗量。但是隧道换拱是相对危险的施工技术，在换拱过程中一定要把安全放到第一位，合理地安排工期和施工工序，实时地监控量测，及时调整临时支撑。只有使人员、机械设备在相对安全的环境下作业，才能更好地提高工作效率，缩短工期，最大限度地发挥该工艺的优势，保证施工的顺利进行。

浅谈大口径压力钢管穿越道路施工工艺

熊　亮　佡　红/中国水利水电第十三工程局有限公司

【摘　要】LXB供水项目采用了大口径压力钢管设计，在特殊地段需穿越省道。施工时采取将钢管安装在混凝土套管内的穿越方案，采用了多种避免管道变形漏水的措施。由于穿越施工环境狭隘，施工难度较大，施工前通过制定科学合理的施工方案，使工程进度及质量都有较大提高。本文可为类似工程提供借鉴。

【关键词】压力钢管　混凝土套管　穿越道路　施工工艺

1　概述

LXB供水工程建安四标管线穿越省道为2根DN3800钢管外套DN4400（内径）钢筋混凝土套管，180°混凝土基础，钢管穿越桩号及长度：

B线：穿越桩号D96＋381.308～D96＋487.578，穿越长度106.27m；

C线：穿越桩号D96＋381.308～D96＋487.578，穿越长度106.27m。

Q345C钢管管壁厚度为20mm，标准管长度为6m，单根重量约为11280kg。

2　主要施工操作要点

大口径压力钢管在套管内进行安装，提前将套管安装完毕，然后将套管180°钢筋混凝土保护层施工完成，最后进行钢管的安装及道路恢复，施工流程如图1所示。

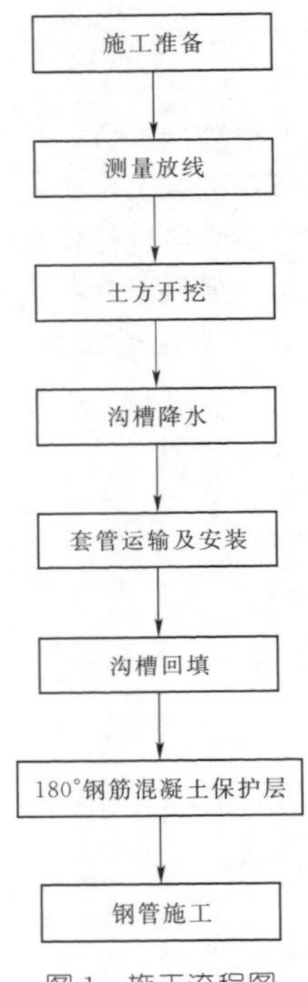

图1　施工流程图

2.1　土方开挖

（1）沟槽土方开挖采用2.0m³反铲挖装，自卸车场内倒运，ZL50装载机和推土机配合推运平整的施工方法。开挖土料临时堆存在左侧堆土区范围内，用推土机推平，作为沟槽回填用土。

（2）开挖过程中用全站仪及水准仪进行观测，以防超挖。槽底若为土基，则预留0.2～0.3m厚的土层暂不挖去，待施工管基时人工清理至设计标高，铺砂土回填夯实；若槽底为岩基，则开挖至设计高程以下0.2m，铺砂土回填夯实，达到设计要求的相对密度值。

（3）结合本区段工程地质确保边坡稳定，按照设计推荐的放坡系数放坡，边坡的修整要求整齐，坡比一次到位，避免用挖掘机反复修坡。

（4）在开挖过程中，注意保护施工区域范围外的天然植被和农耕作物。

2.2　沟槽降水

根据工程地质资料中的地质描述，穿越省道314段边坡岩性为粉质黏土、全风化岩，采用明排的方式降水。

明排降水时，沿管线基坑两侧靠近坡脚处各布置一道排水沟，用于排出基坑内的渗水、雨水、施工废水以及其他途径来水。排水沟采用梯形断面，底宽50cm、深50cm、边坡1∶1。排水沟每隔50m设一集水坑，集水坑内配 2 台 7.5kW 污水泵，将集水抽排到基坑外的排水沟内，通过排水沟排至就近监理人指定或认可的河道或沟渠内。基坑内排水沟要向集水坑做出一定的坡度，便于汇集水流。为防止地面水流入管沟，在沟槽开挖线外侧设置截水沟。

2.3 套管施工

本工程 2 根 DN3800 钢管外套 DN4400（内径）钢筋混凝土套管，套管每节长 3m，安装时采用特制管夹进行吊装，由于套管没有水压试验要求，因此安装完成后立即进行 180°混凝土保护层施工。

2.4 沟槽回填

2.4.1 砂垫层填筑

当管道置于黏性土、砂土上且满足承载力要求时，设 15cm 厚中粗砂垫层，当遇到岩基或砂砾石（其砾石最大粒径不小于 25mm）地段时设垫层，垫层材料采用中砂或粗砂，铺设厚度 20cm，每次铺设长度不超过一天的管道铺设能力。垫层铺设采用长臂挖掘机配合人工摊铺回填料，振动碾压实，压实后相对密度不得小于 0.7。

2.4.2 沟槽土方回填

（1）沟槽回填料采用中粗砂。

（2）填筑采用水平分层法施工，按照横断面全宽水平分层逐层向上填筑；每填筑一层，检测压实度，符合规定后再填筑上一层。

（3）无黏性土回填开挖料相对密度。由路槽底算起的深度范围 $d \leqslant 800$mm 时，相对密度不小于 0.85；$800 < d \leqslant 1500$mm 时，相对密度不小于 0.8；$d > 1500$mm 时，相对密度不小于 0.75。沟槽回填后处于等待沉降期，待沉降收敛后进行道路基层、结构层及面层施工。

（4）土方回填施工。本工程管道槽较深，沟槽上口较大，两管之间的区域土方回填无法直接利用装载机倒土入仓，采用长臂挖掘机入仓，人工摊铺、振动平板夯夯实，分层厚度控制在 30cm 以内。

管道外壁与沟槽壁之间采用反铲挖掘机挖甩入槽，小型挖掘机摊铺，18t 振动碾分层碾压密实，分层厚度控制在 30cm 以内。

管顶缓冲覆盖层区外径范围内的回填土不准采用机械碾压，以免损伤管道，采用轻型机械或人工夯实，分层厚度控制在 30cm 以内。

管道两侧土方回填要求对称施工，其管道周边 50cm 范围内粒径不大于 50mm。

回填过程中严格控制每层的压实度，每回填一层，由试验人员现场取样进行压实度或相对密度测试，试验合格后方可进行下一层的回填。

2.5 套管钢筋混凝土保护层施工

穿越道路套管部分采用 180°C30 混凝土保护层，钢筋保护层厚度为 50mm。

2.5.1 模板施工

为保证混凝土外观质量，加固墙体等处侧模板的对拉螺栓采用 $\phi 14$“三节式”可拆卸螺栓，螺栓按间距 750mm×750mm 布置。在混凝土达到拆模强度后拆除侧模，再卸落可拆卸头，用不低于混凝土强度且颜色相近的水泥砂浆修补抹平，并做好养护，防止开裂。为保证混凝土止水效果，对有止水要求部位的对拉螺栓，在螺栓中间位置加焊止水板，止水板与螺栓之间满焊。墙体模板采用分块拼装连接、整体加固的方案。为保证模板的刚度和整体性，采用 $\phi 14$“三节式”可拆卸对拉螺栓配［8 槽钢横竖围檩进行加固；为防止模板在混凝土浇筑过程中出现偏移，在底板混凝土施工时，预先在地下打入地锚，地锚尽量埋设在较远的位置上，使支撑与底板夹角满足传力要求。

2.5.2 钢筋施工

（1）钢筋的连接方式采用焊接连接。采用双面焊接时，搭接长度不小于 $5d$，且不小于 10cm；采用单面焊接时，搭接长度不小于 $10d$，且不小于 20cm，同一连接区内受拉钢筋搭接接头面积百分率不宜大于 50%。

（2）钢筋安装的种类、规格和长度，以及钢筋的安装位置、间距、保护层等，符合设计详图的规定。钢筋长度方向的安装偏差不超过 25mm，同一排受力钢筋间距的局部安装偏差不超过 0.1 倍间距。

（3）钢筋接头错开布置，并按 GB 50204—2002 中的规定执行。

（4）钢筋安装完毕后，清理仓面内的泥土、铁锈、绑丝或其他杂物，自检合格后报请监理人复检，合格后方能浇筑混凝土。

2.5.3 混凝土施工

（1）原材料及配合比。混凝土配合比由监理审批后方可使用，水泥、细骨料、粗骨料、外加剂均应检验合格，符合设计图纸和相关要求，并由监理审批。

（2）混凝土浇筑。

1）在模板、钢筋、止水和预埋件等安装完成并检验合格后，清理仓内杂物和积水，报请监理工程师验收，检验合格后方可进行混凝土浇筑施工。验收内容包括：已浇筑混凝土面的清理，模板、钢筋、插筋、止水和观测仪器等设施的埋设和安装等。

2）施工缝处理。每 10m 设一道伸缩缝，缝宽 20mm，缝间用闭孔泡沫板填塞。

3）混凝土浇筑。沟槽内套管基础混凝土浇筑采用泵送，当浇筑高度大于 2m 时，需采用溜槽或者串筒，防止混凝土发生离析。

4）混凝土养护。混凝土浇筑完毕后 12～18h 内，为防止混凝土出现干缩裂缝和温度裂缝，及时对混凝土表面加以覆盖并洒水养护，对于不便于覆盖的部位可采用喷养护液的方法养护。覆盖材料采用湿润的土工布或麻布，养护用水与拌和用水相同。保湿养护的时间不得小于 14 天，在干燥、炎热气候条件下，应延长养护时间不少于 28 天。

2.6 压力钢管施工

2.6.1 钢管安装的施工工序

钢管安装施工工序为：施工准备→钢管运输→管材检验→钢管焊接→钢管防腐处理→质量检验→安放滚轮→拉动钢管→重复前环节（焊接、防腐处理、质量检验、拉动钢管）→套管末端封堵→套管内 1∶1 水泥浆填充。

2.6.2 管材检验

（1）对每根进场管材的外观尺寸进行检验，钢管长度允许正偏差为 0～100mm。

（2）管端外径：在管端 100mm 长度范围内，钢管外径允许偏差±2mm，周长允许偏差±3/1000D，用测径卷尺测量。

（3）钢管管体外径：钢管外径允许偏差±5/1000D，且不超过±4mm。

（4）钢管的圆度：同端管口相互垂直的两直径之差最大值不大于 1%倍钢管外径。

（5）钢管的弯曲度不得超过钢管长度的 0.2%。

（6）钢管管端加工坡口，坡口角度符合设计要求。

（7）钢管管端面垂直于管轴线，极限偏差为 3mm。

（8）严禁使用不合格管材。

2.6.3 钢管焊接

验收合格的管材采用履带吊吊运到沟槽内进行焊接。装卸和吊运过程中保持轻装、轻放的原则，不得刮碰管材。钢管吊装采用双点兜身吊，吊索用橡胶套包裹以避免起吊索具碰损管件及保护层。

无套管处的钢管直接用履带吊吊运至安装工作面进行焊接安装。

在套管进口处修筑钢管焊接操作平台，用于钢筋混凝土套管内压力钢管焊接工作。平台长度为 20m，平台基础（在沟槽完成开挖后）开挖整平后压实，严格控制平台高程，使其与钢筋混凝土套管内底标高一致。为保证钢管底部焊缝的焊接质量，操作平台上提前预留焊缝操作坑，尺寸可根据现场实际情况布置。

焊接时在钢管外壁中线轴线高程位置左右两侧分别安装一导向轮，以确保钢管拉动时的前进方向准确无误，导向轮的安装间距可按 10m 控制；在第一节钢管的前端外侧底部 30°范围处左右两侧各焊接开孔钢板一块，用于固定牵引钢丝绳和滑轮组。焊接完成后将钢管的前 2/3 放置到套管内的滚轮上，即可开始进行第一节钢管和下节钢管的焊接施工。钢管安装示意图如图 2 所示。

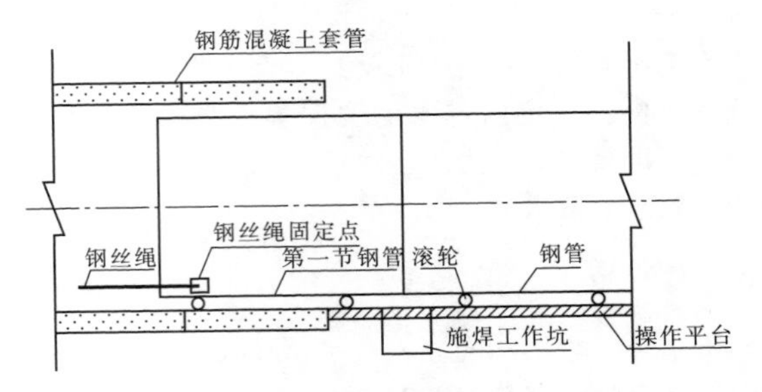

图 2　钢管安装示意图

（1）焊接设备。钢管焊接拟配置 ZX7－500 逆变直流弧焊机（钢管焊接）4 台、UN－100 对焊机（钢筋焊接）1 台、BX1－400 电焊机（金属焊接）1 台。

（2）焊接材料。焊接材料采用国标产品，有出厂质量证明书。焊条选用 J507。

（3）焊接施工。

1）钢管焊接前应进行焊接工艺试验并报送有评定资格的检测单位进行焊缝评定，焊接人员应考试合格，取得合格证。

2）钢管的焊接采用手工埋弧焊。底部焊缝在钢管安装平台预留的施焊工作坑内进行。

3）施焊前，应将坡口及其两侧 10～20mm 范围内的铁锈、熔渣、油垢、水迹等杂质认真清理干净，直至露出金属光泽为止。

4）钢管内、外支撑、工卡具、吊耳及其他临时构件焊接时，严禁在母材上引弧和熄弧。

5）焊缝组装局部间隙应超过 5mm，但长度不大于该焊缝长的 15%时，允许在坡口两侧或一侧做堆焊处理。但严禁在间隙中填入金属材料。堆焊后应用砂轮修整至规定尺寸并保持原坡口形式，并应对堆焊部位做无损探伤检查。

（4）焊缝检验。

1）焊接完成后，焊工应进行自检，自检合格后应在焊缝附近用油漆做上标记并做好记录备查。

2）焊缝的内部质量检查采用超声波无损探伤和 X 射线探伤综合检查的方法，根据业主要求，超声波探伤检查按焊缝长度的 100%控制，X 射线探伤检查按照焊缝总长度的 10%控制。

3）所有焊缝均应进行外观检查，外观质量应符合 GB/T 12469—90《焊接质量保证钢熔化焊接接头要求及质量评级》的规定。接焊缝顶部应均匀平整，顶高不超过 3mm。如果目检发现焊缝面的轮廓不适宜于做无损探伤检查和喷涂防腐涂料时，则应对其打磨使之平整。

2.6.4 钢管外缝防腐

钢管外防腐在完成一节钢管焊缝的焊接后进行，防腐材料及涂层厚度按照设计要求进行施工。

2.6.5 拉动钢管

（1）涂刷润滑剂。在钢管拉动前，首先对轨道涂刷润滑剂，润滑剂采用机油，要求涂刷均匀。

(2) 钢管拉动设备选型。根据穿越 S314 所用标准钢管重量，选择 1 台 200kN 的卷扬机，卷扬机锚固采用有桩水平地锚。

(3) 拉动钢管。拉动钢管前应对设备设施进行安全例行检查并进行试运行。第一节与第二节钢管焊接结束并在其他工序检查验收合格后，开始采用卷扬机拉动此两节钢管，使其第二节钢管移动至第一节的位置（起始位置），后开始安装焊接第三节钢管，第三节钢管焊接并检查合格后，拉动此三节钢管，使其第三节钢管移动至第一节的位置（起始位置），就这样依此类推，直至第一节钢管从套管内一端位移至另一端为止。

由于卷扬机与钢管施焊点间距 100m 左右，为了保证钢管拉动时安全施工，拉动时上下游采用对讲机进行相互联系。由于钢管左右导向轮的制导，解决了卷扬机钢丝绳的强制对中问题。

钢管拉到设计位置后，采用电焊将钢管、小车和轨道焊接成整体，以保证钢管不因动荷载而产生位移。

(4) 套管末端封闭。套管末端采用红砖进行封闭，待钢管焊接结束拉动到位后，进行钢管与钢筋混凝土套管之间缝隙的封堵堵头施工，堵头最末端采用 M20 水泥砂浆进行抹面处理。

2.6.6 钢管内防腐

在钢管焊接质量满足设计要求后，进行内部除锈、内衬防腐工作。

2.6.7 套管内环向间隙泥浆灌注

钢筋混凝土套管内环向泥浆采用砂浆搅拌机至现场拌制，再采取泥浆泵利用提前预埋在轨道两侧的带孔钢管进行钢筋混凝土套管环向泥浆的灌注，施工过程中严格执行设计技术要求。

3 结语

本工艺科学、简便、合理，可充分利用现场条件，且施工方法安全可靠，能够有效的保证工程质量和施工效率，缩短工期，节约施工成本。

在 LXB 供水工程施工时，在管线穿越工期紧，施工条件不利（多岩石、高地下水位）的情况下，管道采用此法施工，使工程安全、保质、按时顺利地完成了施工任务，为大口径压力钢管穿越道路提供了宝贵经验。

隧道三台阶七步开挖法施工技术

刘纪唯/中国水利水电第四工程局有限公司

【摘　要】本文结合云南晋红高速公路光山四号隧道试验段施工，对大断面围岩破碎隧道三台阶七步开挖法技术进行了论述，阐述了三台阶七步开挖法的适用条件、施工工艺、技术特点和施工要求，是保证安全施工的重要措施，可为类似工程借鉴。

【关键词】隧道施工　三台阶七步开挖法　施工工艺　实践应用

1　工程概况

云南晋红高速公路光山四号隧道为一座双洞三车道分离式特长隧道，分界段全长2445m。隧道设计时速100km/h，设计荷载为公路Ⅰ级，路面设计标准轴载BZZ－100，隧道净宽14.50m、净高5.0m。洞口采用明洞式，明洞长12m，隧洞Ⅴ类围岩323m，Ⅳ类围岩2055m，Ⅲ类围岩2450m。隧道布设于九龙池公园上方，环玉溪盆地边缘，穿越光山山体。

隧道设在扬子板块次级构造单元康滇古隆起区域，在经向构造体系的小江断裂与普渡河断裂间，新构造运动强烈，主要表现为地壳抬升及地震活动，断裂、褶皱构造发育等。

隧道穿越区地层以板岩夹砂岩、灰岩、白云岩为主，属构造剥蚀低中山地貌，地形局部起伏较大。进口段斜坡一般坡度35°～55°，见基岩风化层出露，出口段斜坡一般坡度30°～40°，地表上覆残坡积黏土层。综合考虑隧道的施工与现场围岩情况，对地质复杂的Ⅴ级围岩采用三台阶七步法施工，取得了较好的成果。

2　三台阶七步开挖法介绍

2.1　工艺概述

该工艺起源发展于国外，在21世纪引入中国，最先在黄土隧道Ⅳ级围岩地段成功运用。大断面破碎围岩隧道施工根据“新奥法”原理施工，开挖后立即进行初期支护，保证在最短时间内封闭围岩，完成仰拱，使型钢成环，应力闭合。根据量测数据确定二衬最佳施工时间，尽早完成二衬施工。此工艺规避了侧壁导坑法、中隔壁法及交叉中隔壁法等需要拆除临时支护及受力转换造成不安全的因素，及时调整闭合时间，方便机械化施工，利于施工工序转换，可提高施工效率。

2.2　工艺原理及特点

大断面隧道三台阶七步开挖法是以弧形导坑预留核心土法为基本模式，分上、中、下三个台阶七个开挖面，各部位的开挖与支护沿隧道纵向错开、平行推进的施工方法。适用于洞口段、断层、破碎带等Ⅳ级、Ⅴ级不良地质地段。三台阶七步开挖法具有下列技术特点：

（1）施工空间大，方便机械化施工，可以多作业面平行作业。部分软岩或土质地段可以采用挖掘机直接开挖，工效较高。

（2）在地质条件发生变化时，便于灵活、及时地转换施工工序，调整施工方法。

（3）适应不同跨度和多种断面型式，初期支护工序操作便捷。

（4）在台阶法开挖的基础上，预留核心土，左右错开开挖，利于开挖工作面稳定。

（5）当围岩变形较大或突变时，在保证安全和满足净空要求的前提下可尽快调整闭合时间。

2.3　三台阶七步开挖法施工要求

（1）以机械开挖为主，必要时辅以弱爆破，各分步平行开挖，平行施做初期支护，各分部初期支护衔接紧密，及时封闭成环。

（2）仰拱紧跟下台阶，及时闭合构成稳固的支护体系。

（3）施工过程通过监控量测，掌握围岩和支护的变形情况，及时调整支护参数和预留变形量，保证施工安全。

（4）完善洞内临时防排水系统，防止地下水浸泡拱墙脚基础。

2.4 开挖施工工艺

2.4.1 第1步：上部弧形导坑开挖

在拱部超前支护后进行，环向开挖上部弧形导坑，预留核心土，核心土长度为3～5m，宽度为隧道开挖宽度的1/3～1/2。开挖循环进尺应根据初期支护钢架间距确定，一般0.6m左右，最大不得超过1.5m，上台阶开挖矢跨比应大于0.3，开挖后立即初喷2cm混凝土。开挖后及时进行喷、锚、网系统支护，架设钢架，在钢架拱脚以上30cm高度处，紧贴钢架两侧边沿按下倾角45°和60°两边对称打设两根锁脚锚杆，锁脚锚杆与钢架牢固焊接，复喷混凝土至设计厚度。如图1所示工序1。

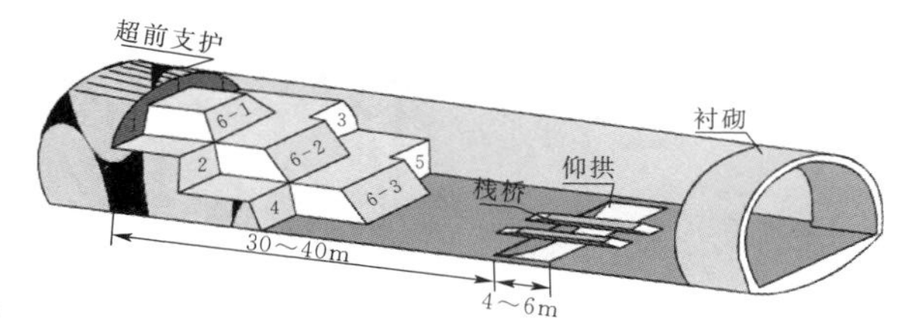

图1 三台阶七步开挖法立体图

2.4.2 第2、3步：左、右侧中台阶开挖

开挖进尺根据初期支护钢架间距一般按0.6m左右设定，最大不得超过1.5m，开挖高度一般为3～3.5m，左、右侧台阶错开2～3m，开挖后立即初喷2cm混凝土，及时进行喷、锚、网系统支护，接长钢架，在钢架墙脚以上30cm高度处，紧贴钢架两侧边沿按下倾角45°和60°两边对称打设两根锁脚锚杆，锁脚锚杆与钢架牢固焊接，复喷混凝土至设计厚度。如图1所示工序2、3。

2.4.3 第4、5步：左、右侧下台阶开挖

开挖进尺根据初期支护钢架间距确定，一般0.6m左右，开挖高度一般为3～4m，左、右侧台阶错开2～5m，开挖后立即初喷2cm混凝土，及时进行喷、锚、网系统支护，接长钢架，在钢架墙脚以上30cm高度处，紧贴钢架两侧边沿按下倾角45°和60°两边对称打设4根锁脚锚杆，锁脚锚杆与钢架牢固焊接，复喷混凝土至设计厚度。如图1所示工序4、5。

2.4.4 第6步：开挖上、中、下台阶预留核心土

各台阶分别开挖预留的核心土，开挖进尺与各台阶循环进尺相一致。如图1所示工序6-1、6-2、6-3。

2.4.5 第7步：开挖隧底

每循环开挖长度宜为2～3m，开挖后及时施作仰拱初期支护，完成隧底开挖、初期支护循环后，及时施作仰拱及仰拱回填，仰拱分段长度一般为4～6m。为了不影响车辆进出，采用栈桥过渡方案。如图1所示工序7。

2.5 三台阶七步开挖法控制要点

（1）根据隧道的水文地质条件，严格按设计要求做好超前支护，控制好超前支护外插角，按注浆工艺对超前导管进行注浆，保证隧道开挖在超前支护的保护下施工，确保隧道施工安全。在断层、破碎带、浅埋段等自稳性较差或富水地层中，超前支护按设计要求进行加强，以确保安全。

（2）弧形导坑沿开挖轮廓线环向开挖，预留核心土，以机械开挖为主，人工开挖为辅，人工配合挖掘机从台阶上向下刨土，开挖后及时支护；其他各分部平行开挖，平行施作初期支护，各分部初期支护衔接应紧密，及时封闭成环；临时仰拱紧跟下台阶，及时闭合构成稳固的支护体系。

（3）施工过程通过变形监控量测，掌握围岩和支护的变形情况，及时指导调整支护参数和预留变形量，保证施工安全。

（4）三台阶大拱脚七步开挖法施工需做好工序衔接。工序安排要紧凑，尽量减少围岩暴露时间，避免因长时间暴露，引起岩石变形后的支撑力破坏，围岩失稳。

（5）仰拱超前施作，仰拱距上台阶开挖工作面宜控制在40m左右。铺设防水板、二次衬砌等后续工作要及时进行。

（6）在满足作业空间和台阶稳定的前提下，尽量缩短台阶长度，核心土长度控制在3～5m，宽度为隧道开挖宽度的1/3～1/2。

（7）三台阶大拱脚七步开挖法施工要严格控制开挖长度，根据隧道围岩地质情况，合理确定循环进尺，每次开挖长度一般为0.6m；开挖后立即初喷2～3cm混凝土，以减少围岩暴露时间。

（8）钢架严格按设计及规范要求加工制作和架设。钢架架设在坚实基面上，并加垫槽钢，严禁拱（墙）脚悬空或采用虚土回填。钢架与锁脚锚杆应焊接牢固。

（9）隧道超挖部位必须回填密实，严禁初期支护背后存在空洞。必要时初期支护背后进行充填注浆，保证初期支护与围岩密贴。

（10）完善洞内临时防排水系统，严禁积水浸泡拱（墙）脚，水在施工现场漫流，防止基底承载力降低。当地层含水量大时，在上台阶开挖工作面附近开挖横向水沟，将水引至隧道两侧排水沟排出洞外。反坡施工时，设置集水坑将水集中抽排。

（11）确保隧道施工的洞内通风，保证作业环境符合职业健康及安全标准。

3 隧道施工风险控制

3.1 综合超前地质预测预报

本线隧道地质情况复杂，存在偏压、围岩质软、断层等不良地质结构，需结合施工地质工作予以查明。为

此，要求针对本线大断面隧道的具体情况，开展综合超前地质预测预报，尤其围岩存在破碎带时，必须提前做好超前地质预报工作，确保隧道安全通过。施工中将地质无损超前地质预报系统与超前地质钻探等几种预报手段综合运用，取长补短，相互补充和印证。综合监测结果，及时提出对不良地质的处理措施，以降低施工风险，确保工程质量和运营安全。超前地质预报若发现前方地质情况与设计不符时，要及时通知设计单位到现场核实，以便及时采取有效的设计变更方案。

3.2 隧道围岩监控量测

隧道监控量测是隧道施工管理的重要组成部分，作为不可缺少的施工工序，它不仅监测各施工阶段围岩动态，确保施工安全，而且通过现场监测可获得围岩变形动态和支护工作状态的数据信息，为修正初期支护参数，确定二次衬砌和仰拱施作时间提供信息依据。施工过程中要加强监控量测工作，对不良地质段要加大围岩量测的频率，对量测数据进行及时、严谨细致的处理，以便正确指导施工。通过量测数据的分析，随时调整开挖循环进尺。要尽量缩短台阶开挖长度，修改加强支护参数或采取其他应急措施，对施工过程进行安全动态管理，以保证施工安全。

3.3 隧道安全、质量控制措施

（1）加强对技术及施工人员的培训，提高全体参建人员的安全、质量意识。

（2）岩石隧道坚持“弱爆破、短进尺、强支护、早封闭、勤量测”的原则组织施工。

（3）每循环进行测量放样，严格控制超欠挖。定期对测量控制点进行检查、复核，避免由于隧底下沉、上鼓、不均匀变形及人工或机械碰撞等原因对控制点的损害。

（4）土质隧道在开挖过程中，尽量减少挖掘机对隧道边沿的开挖，采用人工风镐对隧道周边进行修整和消缺，减少对围岩的扰动，避免侧壁或拱顶掉块现象。拱脚、墙角预留 30cm 人工开挖，严禁超挖。土质隧道拱墙脚严禁被水浸泡。开挖完毕后，尽早对围岩进行支护封闭，减少围岩暴露的时间。

（5）制定安全施工应急预案，日常做好应急物资储备；加强洞内电力、通风、排水管线路的管理，防止漏电、漏风伤人。

4 结语

晋红高速公路光山四号隧道针对复杂不良的Ⅳ级围岩破碎段，采用三台阶七步开挖法施工，加强动态调控和管理，在保证施工安全和工程质量的前提下，加快了隧道施工进度，社会和经济效益显著。三台阶七步开挖法具有较好的借鉴推广价值。

新型止水拉杆在防水混凝土墙体中的应用

时贞祥　闫付钊/中国水利水电第十三工程局有限公司

【摘　要】本文介绍新型止水拉杆在防水混凝土墙体中的应用，着重介绍其工艺原理和工艺流程，并与传统工艺进行效果对比分析，总结了新型止水拉杆的特点，给同类防水混凝土墙体的施工提供借鉴。
【关键词】防水混凝土墙体　新型止水拉杆　施工工艺

1 引言

在以往建筑工程施工中，有防水要求的钢筋混凝土墙体往往采用传统的塑料或钢筋止水螺栓定位加固。对拉螺栓或板条式拉杆是连接内外两组竖向模板的主要连接件。对拉螺栓通长贯穿墙体，这种加固方式削弱了防水混凝土的防水功能。如将PVC塑料管作为套管，中间穿普通对拉杆，则对拉杆拆除后，套管内充填物不易密实，防水效果较差，同时套管处混凝土振捣导致浆液流失，使混凝土表面呈蜂窝状，墙体混凝土外观得不到保证。为此，经考察并对现有的止水拉杆进行改进，提出一种新型防水对拉螺杆，施工效果良好。

2 工程概况

天津市外环线东北部调线工程是天津市规划的“二环十四射”快速骨架路网中的重要一环，中国水电十三局承建了第五标段。该标段包含两座大桥、路基、通道、排水管线及3号泵站工程，路线全长3582.9m。其中通道设计全长220m，主体长60m，宽6m，净高4m，与路线左交角为85.408°。

通道箱体为现浇钢筋混凝土结构，两侧出口采用现浇钢筋混凝土U形槽结构，U形槽出口范围设有钢结构雨棚，雨棚立柱及横梁采用热轧工字型钢，罩棚采用高强度PC耐力板，厚度6mm，耐力板与雨棚立柱及横梁间通过型钢龙骨进行连接。

通道箱体及U形槽采用C40防水混凝土，墙体厚度45cm，抗渗等级为W8，防水等级一级，下设20cm厚垫层混凝土，垫层以下铺设50cm厚碎石垫层。箱体与U形槽及U形槽之间设2cm沉降缝，缝内设置中埋式可注浆止水带，沉降缝对应箱体或U形槽外侧设置外贴式止水带，施工缝设钢边止水带。

按照设计要求，本工程外墙防水包括结构自防和自黏式防水卷材两道设置。自黏式防水卷材施工工艺成熟，可靠性好，但结构自防水部分，在设计和施工方面存在的不确定因素较多，可靠性难以掌控。根据本工程特点，对墙身防渗漏重点之一的墙体拉杆眼防渗漏问题，进行了经济技术综合分析，最终确定使用一种新型外墙止水拉杆替代传统拉杆，并在实际施工中取得了明显的效果。

3 工艺原理

止水拉杆由内杆、橡胶垫块、内牙六角螺帽及外杆组成（图1）。根据设计要求的结构厚度制作内、外杆件，内杆通过连接部件与外杆连接，连接部件由橡胶垫块及内牙六角螺帽组成，橡胶垫块外侧面起结构厚度定位作用。两侧的拉杆可以重复利用，拧上一侧拉杆，插入模板预先打好的孔内，再安装另一侧模板，拧紧拉杆。混凝土浇筑后拧下两头的拉杆即可拆除模板，拆除模板后将堵头按入孔内即可，提高了抗渗能力。

与传统拉杆相比，新型止水拉杆可准确定位混凝土墙体尺寸，模板拆除容易，拉杆装拆简便，外杆和橡胶垫块可周转使用，两端易封堵、且密实、防水效果好，混凝土结构外观好，经济效益明显。

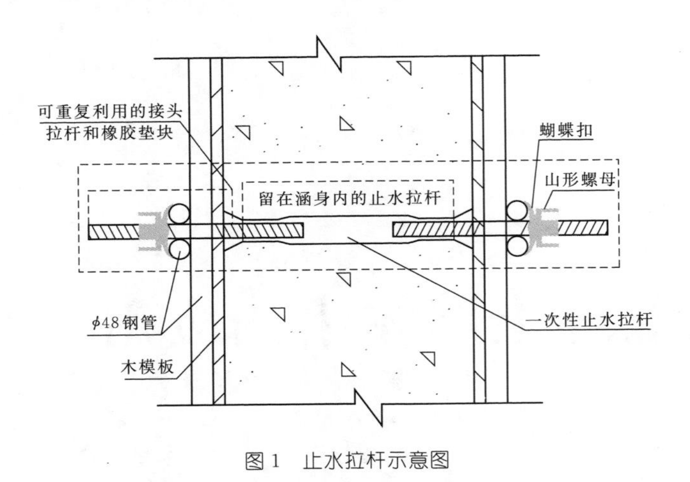

图1　止水拉杆示意图

4　施工工艺流程

新型止水拉杆的施工流程如下。

4.1　施工准备

(1) 根据结构的设计情况，编制模板施工专项方案；计算止水拉杆的横向、竖向间距，汇总所需加固止水拉杆的内杆、锥形螺套与内牙六角螺帽、外杆等的数量；模板施工方案交底。

(2) 按需要的数量，委托加工锥型螺套、内牙六角螺帽、内杆、外杆。内杆、外杆一般采用 8～12mm 圆钢制作。

4.2　内外杆、模板安装

(1) 将锥型螺套与内杆连接旋紧，达到所需的结构墙体厚度，预先放置结构钢筋网格中。

(2) 根据模板施工专项方案所计算的纵、横向螺栓布置，预拼装模板、弹线、钻孔，安装一侧模板，将外杆从外侧穿入模板，与内牙六角螺帽连接。

(3) 安装另一侧模板，按照施工专项方案所计算的纵、横向螺栓布置钻孔的位置，将另一端外杆从外侧穿入模板，与另一侧内牙六角螺帽连接。

(4) 锁紧可拆卸式止水螺杆的外杆和锥形连接部件，对模板进行加固。

4.3　混凝土浇筑、养护

模板安装验收后分层浇筑混凝土，同时分层振捣，每层厚度控制在 40cm 左右。浇筑过程中安排专人检查模板，并随时加固模板。浇筑完成后即进行带模养护，待混凝土强度满足规范要求后再拆模。混凝土采用塑料薄膜包裹洒水养护，保证墙体混凝土湿润。

4.4　外杆、模板拆除，两端堵头进行封堵

按照施工方案，模板拆除时从上向下依次拆除支架，同时拆除止水拉杆的外杆，外杆可重复使用。模板全部拆除后，对止水拉杆两端的堵头用高等级微膨胀砂浆进行封堵。

5　新旧型拉杆效果对比分析

5.1　传统拉杆的缺点

(1) 对焊缝的质量难以检查和保证，且是被动防水，一旦焊缝出现裂纹、夹渣、烧穿、漏焊等缺陷，便容易产生渗水通路且难以处理。

(2) 施工中，安装麻烦。浇筑完成后，墙体外侧的对拉杆不易拆除，需用气割切除，且易损坏模板和已浇混凝土墙体，这样还需耗时修补模板及混凝土。切割后墙体表面处理困难，拉杆无法重复利用，浪费钢材及人工，增加了施工成本。拆模时对拉杆易转动，使混凝土出现缝隙，将会产生渗漏。

(3) 用 PVC 塑料管作为套管的普通对拉杆，拆除对拉杆后，在套管内充填材料困难，不易填实，防水效果较差，加之套管处混凝土因振捣导致浆液流失到模板外，使混凝土表面呈蜂窝状，墙体混凝土外观质量得不到保证。

5.2　新型止水拉杆的特点

(1) 新型止水拉杆采用可回收周转使用的锥形螺套作为结构厚度限位器，节约了传统加固止水螺栓所用的模板定位内撑杆或限位片，且结构墙体尺寸的定位准确，模板易拆，分节拆装简单。

(2) 使用新型止水拉杆的结构混凝土，在混凝土达到设计拆模强度进行模板拆除后外观好，质量得到保证。

(3) 新型止水拉杆结构墙中的锥形螺套孔，在填补时用硫黄胶泥或膨胀砂浆分两次填塞，无须对拉杆再做防水处理，操作简便、省时省力、防水效果好，混凝土结构外观好。

(4) 新型止水拉杆可重复使用，减少了螺杆的数量，降低了成本，经济效益明显。

(5) 工作原理简单，施工便捷，节省劳力，加快进度；模板拆除快捷，可减少模板拆除破损，增加模板周转利用率，节约了工期，综合施工费用降低。

6　结语

新型止水拉杆设计合理，结构简单，承受拉、压力

大，结构防渗性能好；因取消了传统拉杆的焊接挡水片，无明火作业，保证了施工安全，且止水拉杆外杆可重复利用，减少了管件数量，因此节约了大量钢材，减少了施工对环境的污染。

天津市外环线东北部调线工程项目通道箱体及U形槽防水混凝土施工中成功采用了新型的止水拉杆，可在同类防水混凝土墙体中推广应用。

高承压水地层条件下高压旋喷桩施工

汪亚克　刘英俊　王　东/中国水利水电第五工程局有限公司

【摘　要】沙湾水电站厂房建于软基上，软基地层为含泥卵（碎）石层、粉土层，地基处理设计方案为高压旋喷桩+置换砂卵石。在高压旋喷桩施工中，遇到高承压水，无法进行高喷灌浆作业。后提高喷平台高程，改变施工方法，并严格控制施工参数，顺利完成了旋喷桩施工，工程质量满足设计要求。

【关键词】高承压水　地层条件　高压旋喷桩

1　工程简况

木里河沙湾水电站位于四川省凉山州木里县境内，系雅砻江中游右岸最大支流木里河干流水电规划一库六级方案中的第三级梯级电站，该电站为引水式电站。电站距木里县城约150km，距西昌市约400km。

厂房地基覆盖层厚33.75～43.78m，主要由第Ⅰ层冰水积含漂卵（碎）砾石土（Q_3^{fgl}）、第Ⅳ层碎砾石土（Q_4^{al+pl}）夹第Ⅱ层堰塞堆积粉（砂）土层（Q_4^{l+al}）、第Ⅲ层冲积含砂卵（碎）砾石层（Q_4^{al}）透镜体组成。阶地后缘缓坡上分布有洪坡积碎（块）砾石土层（Q_4^{pl+dl}）。厂房区地下水水位高程为2314.44～2343.67m，埋深一般为9.99～26.5m，略高于木里河河水位。

主厂房（安装间）基础高程2298.11m，位于地面下32～35m，副厂房和GIS楼建基高程约2314.8m，均位于地下水位以下。主厂房基础置于覆盖层的第Ⅰ层的中下部；安装间基础置于覆盖层的第Ⅰ层的上部。即主厂房、安装间及GIS楼基础均置于冲洪积含漂卵（碎）砾石土（Q_4^{al+pl}）之中，该层结构较密实，地基承载力为0.35～0.5MPa。但由于地层结构较复杂，存在不均一性，需进行相应的工程处理。基础下7～10m为F_1断层及其影响带和全、强风化的三叠系下统领麦沟组（T_1l）的薄层状板岩、千枚岩，其承载能力与覆盖层第Ⅰ层差异不大。

尾水明渠地基及两侧坡均为覆盖层，为第Ⅰ层冲洪积含漂卵（碎）砾石土（Q_4^{al+pl}）、第Ⅱ层堰塞堆积粉（砂）土层（Q_4^{l}）、第Ⅲ层冲积含砂卵（碎）砾石层（Q_4^{al}）和第Ⅳ层碎砾石土层（Q_4^{al+pl}）。第Ⅱ层堰塞堆积粉（砂）土层，承载力及抗变形能力差，允许承载力仅为0.1～0.13MPa。

2　厂区高压旋喷桩布置

电站发电厂房布置在木里河右岸的Ⅰ级河流阶地上及其后缘缓坡地带，顺河长100m，横河宽80m的范围内。Ⅰ级阶地为堆积阶地，长158～270m，宽30～50m，拔河高8～15m；阶地面较为平缓，坡度4°～6°。厂区枢纽建筑物由主厂房（主机间和安装间）、副厂房及GIS楼、尾水渠三部分组成。

主厂房基础结构复杂，存在不均一性；第Ⅱ层承载力及抗变形能力差，且可能存在砂土液化问题，故设计要求对厂房软基进行高压旋喷结合置换砂卵石处理，其中对主机间和尾水挡墙基础范围采用高压旋喷处理方案。

根据厂区各结构物对基础承载力和变形的要求，初定安装间出露粉土层地基全部挖除并填筑砂卵石；主机间粉土层基础范围内先旋喷灌浆至2295.11m高程，再将该高程以上粉土全部挖除并填筑砂卵石；尾水渠基础范围内旋喷灌浆应高于建基面高程。旋喷桩直径1.2m，间排距1.5m，梅花形布置。旋喷桩的平面布置如图1所示，剖面如图2所示。

主机间旋喷平台高程2301.80m，桩底高程2291.10m，桩顶部高程2295.11m。尾水渠坡度为1∶3，尾水挡墙高7.9～18.5m，故挡墙基础底部旋喷桩桩底设3个高程，分别为2282.50m、2287.60m、2297.40m，旋喷桩桩顶高程为该部位挡墙建基面高程，为变值，高程为2301.03～2308.50m。施工时尾水挡墙基础范围内旋喷平台高程为2308.50m，旋喷注浆高度按高于建基面1m控制。旋喷桩布置参数见表1。

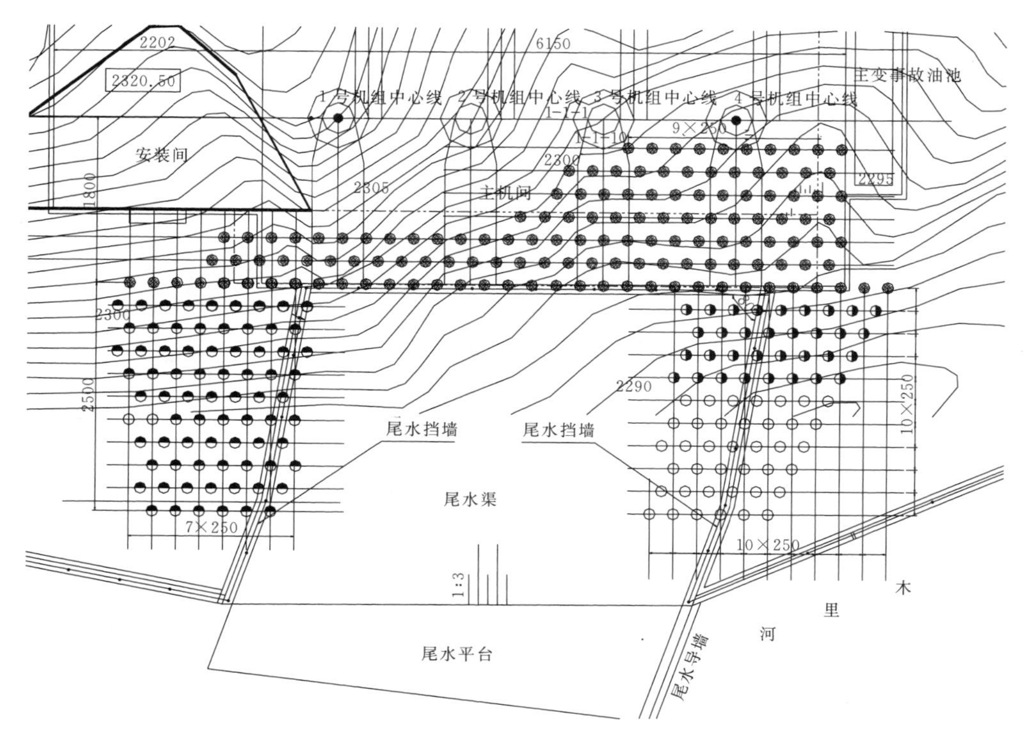

图1 旋喷桩平面布置图

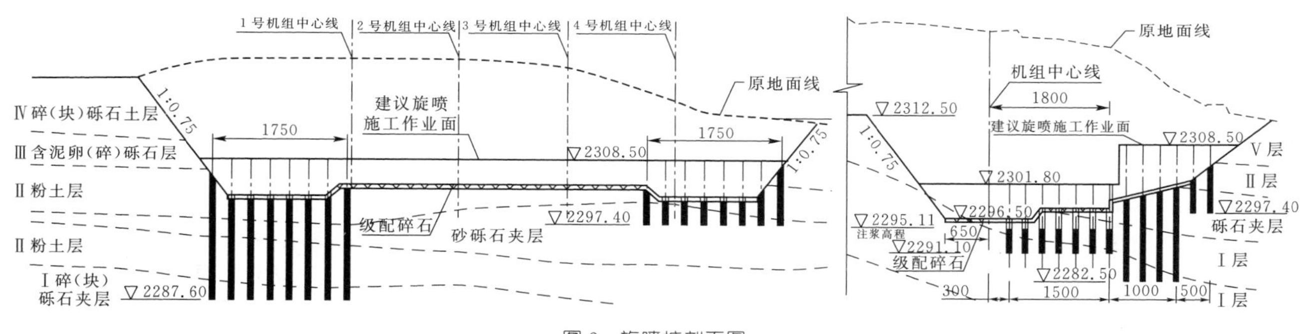

图2 旋喷桩剖面图

表1 旋喷桩布置参数表

序号	图例	桩底高程/m	桩顶高程/m	高喷平台高程/m	桩数	旋喷桩长度/m
1	◌	2291.10	2295.11	2301.80	136	545.36
2	◓	2287.60	2301.03～2308.50	2308.50	76	1286.49
3	◑	2282.50	2301.03～2303.53	2308.50	33	651.57
4	○	2297.40	2304.37～2308.50	2308.50	39	349.76

注 ◌表示设计桩底高程为2291.10m；◓表示设计桩底高程为2287.60m；◑表示设计桩底高程为2282.50m；○表示设计桩底高程为2297.40m。

3 施工中遇到的问题

根据既定方案，先开挖至2308.50m高程，施工下游尾水挡墙基础旋喷桩。高喷平台低于河水水位高程2314.00m，故在高喷区外设集水坑抽排。高喷造孔采用YXZ-70钻机，第1个孔选在下游尾水挡墙高喷区内（靠河床部位）。钻进中孔内有大量水顺钻杆喷出，高达数米，水温高于河水水温，成孔后仍有水不停涌出，无法进行灌浆作业。后在该孔附近重新钻两个孔，两个孔仍大量涌水，最高涌水位达到高程2310.50m左右，仍无法进行高喷灌浆作业。

4 施工方案修改

4.1 涌水原因分析

为探明水源分布趋势和范围，建设四方共同确定，在下游挡墙（远离河床部位）高喷区内造两个孔。钻进时，这两个孔仅少量溢水。故选取其中一个孔用二重管法试喷，灌浆参数选用规范允许的下限值（偏保守）。但灌浆结束8h后仍有水从孔口溢出，判断成桩失败。

试喷失败后，建设各方多次现场查勘，确定先在尾水渠挡墙高喷区外再打四个降水孔（在尾水渠底板下游侧），钻孔深入第Ⅱ层砂卵石强透水层。在成孔12h后，孔内涌水有减小趋势。通过对涌水水温、水位、河水水位等分析、推断，认为涌水主要是山体地下承压水，且地下水主要集中在第Ⅰ层（最下面的砂卵石层）。

4.2 处置方案

为了验证在地下水涌出高喷平台情况下进行高喷灌浆的可行性，采取在高喷区外侧设降水井，钻孔深入第Ⅱ层砂卵石强透水层，并在高喷平台四周设集水槽，将涌水引至集水槽内集中抽排等降排水措施，在下游尾水挡墙（远离河床的部位）高喷区内进行高喷作业。共完成降水井11个，高喷孔8个。高喷灌浆结束后大部分孔均有涌水，且灌浆中串浆特别严重，成桩后孔口及周围出现大量气泡，部分孔成桩后孔口仍有返浆，高喷质量得不到保证。

根据已施工高喷孔涌水情况分析，孔内涌水动水平衡水位高程约2310.50m。为确保工程质量和施工进度，经各方商定，用已开挖的砂卵石回填，将厂房基础高喷施工平台全部提高至2311.50m高程（高于涌水动水平衡水位约1m），由此增加了造孔深度。高喷灌浆仍按高于建基面1m控制，改二重管灌浆为三重管法。施工平台提高后实施的第1个旋喷孔，孔内涌水位未高出高喷平台且趋于稳定，旋喷后孔口亦无水溢出，故按调整后方案施工。

5 高压旋喷施工

5.1 造孔

造孔前，测量人员沿高喷轴线按设计孔位放样，测定孔口高程。钻机就位时，使钻杆轴线垂直对准钻孔中心位置，以确保钻孔达到设计垂直度。开孔时用低速钻进，跟进三根套管后用正常速度钻进。终孔后取出钻杆，再下PVC管，起拔套管。接头套接用塑料带密封，确保不脱节、不漏浆。钻孔结束，三检合格后由监理、业主、质检人员检查孔斜、孔深、孔位等，验孔合格后即可进行喷射作业，不符合要求的孔重钻。

5.2 喷射准备

验孔合格后进行高喷作业，相临次序孔施工时间间隔不少于48h。喷射浆液配比经试验确定，施工中不得随意更改。配置浆液时，各种材料的数量要准确无误，制浆材料直接加入搅拌桶中拌和。浆液采用高速搅拌机拌制，搅拌时间不少于30s，浆液使用前必须充分过滤。

5.3 下喷射管

喷具在现场组装完毕后在地面进行试喷，风、浆管路畅通，浆压力超过40MPa，10min无异常可结束试喷，并保护好喷嘴。为防止喷嘴或管路被堵塞，在高压泵和注浆泵的吸水管进口和水泥浆储备箱中都设置过滤网，高压水泵的滤网筛孔规格为1mm，注浆泵和水泥浆储备液的滤网规格为2mm，筛网的面积不能过小且要经常清理。下喷管时喷嘴用橡胶塞堵住，以防止水、气嘴堵塞。下喷具时要求同时送风、送浆，确保喷具下到设计深度。如喷具下不到底，则在送风、送浆的同时要旋转喷具，使喷具下到设计深度；如仍不能下到设计深度，应提出喷具，重新造孔。喷射管下到设计深度后，重新验收合格后方可进行喷射施工。

5.4 喷射注浆

注浆前要注意设备启动顺序。应先空载启动空压机，待运转正常后，再空载启动高压泵，然后向孔内送风，使风量和泵压逐渐升高至规定值。风畅通后，即可旋转注浆管，向孔内送清水，待风量、泵压正常后，将注浆泵的注浆管移至储浆桶。当喷头下至设计深度，按规定参数进行原位喷浆，待孔口返浆相对密度符合要求后方可开始提升，边旋转边提升，自下而上喷射灌浆，直至孔口停喷。提升速度根据地层和返浆情况做适当调整，在地层交界处停止提升，静喷2～3min并增大供浆量。

施工时注意定期测量浆液相对密度，如不符合设计指标，应立即停喷，待调整至正常范围后继续喷注。施工中要充分利用孔口返浆。

5.5 注浆参数

三重管法的喷嘴有两个水嘴、两个气嘴和两个浆嘴。水嘴直径为1.7～1.9mm，浆嘴直径为6～12mm，气嘴与水嘴间隙为1.0～1.5mm。浆液配比为水：水泥：膨润土：碳酸钠＝（1～1.5）：1：0.03：0.0009。高压旋喷灌浆的参数见表2。

表 2　　三重管法高压旋喷灌浆参数

项目	技术参数	
高压水	压力/MPa	35～40
	流量/(L/min)	75～80
压缩空气	压力/MPa	0.6～0.8
	流量/(m^3/min)	0.8～1.2
水泥液	压力/MPa	0.2～1.0
	流量/(L/min)	90～120
	进浆密度/(g/cm^3)	1.5～1.7
	孔口回浆密度/(g/cm^3)	≥1.2
提升速度 v /(cm/min)	10～15（粉土层）	
	10～20（砂土层）	
	8～15（砾石层）	
	5～10［卵（碎石）层］	
旋喷转速/(r/min)	(0.8～1.0)v	

注　表中 v 表示旋喷提升速度。

6　灌浆质量检查

旋喷桩施工全部结束，在龄期达到 28 天后进行检测。

检测包括开挖、钻孔取芯和竖向抗压静载试验。开挖揭示的旋喷桩有效直径均大于设计要求的 1.2m；钻孔取芯芯样完整、均匀，其无侧限抗压强度满足规范要求。

旋喷处理后的地基复合承载力检测由第三方进行，采用平板载荷试验，旋喷灌浆后复合压缩模量大于 30MPa，地基承载力大于 0.5MPa，均满足设计要求。

7　结语

沙湾电站厂房软土地基处理实践表明，只要措施得当，在高承压水地层条件下高喷灌浆施工是可行的。

铁路软基加固水泥搅拌桩配合比设计及质量控制

杜芳军　张喜英/中国水利水电第五工程局有限公司

【摘　要】 本文通过川藏铁路成雅段软基水泥搅拌桩加固处理项目，从室内配合比设计、施工现场质量控制等方面阐述了水泥搅拌桩在成雅项目中的应用，对类似工程有借鉴作用。

【关键词】 川藏铁路　软基加固　水泥搅拌桩　配合比设计　质量控制

1　工程概况

新建川藏铁路成雅段站前二标工程，位于四川省雅安市境内。本标段线路长（25.907km），地处山区丘陵地带，地形起伏较大，植被茂密，沿线经过鱼塘、水田、农田等不良地段。在软基地段设计水泥搅拌桩对其进行加固处理，共设计水泥搅拌桩 108048 根，计 628521m，施工范围广，工程量较大。

2　水泥搅拌桩配合比设计

2.1　设计参数及要求

设计参数和要求：水胶比 0.45～0.55；粉煤灰掺量不小于水泥用量的 20%；28 天无侧限抗压强度不小于 1.35MPa，90 天无侧限抗压强度不小于 1.8MPa；天然土含水率为 25.7%，天然密度为 1.80g/cm^3；桩径为 0.5m。

2.2　配合比使用材料

水泥采用四川德胜水泥有限公司 P·O42.5，粉煤灰由金堂搏磊资源循环开发有限公司提供，拌和用水为生活饮用水。

2.3　配合比设计过程

2.3.1　计算配合比

依据施工图设计文件、TB 10106—2010《铁路工程地基处理技术规程》和 JGJ 79—2012《建筑地基处理技术规范》的要求，搅拌桩现场采用湿法施工，胶凝材料掺量为被加固湿土质量的 15%～20%，水胶比选为 0.45～0.55。根据土体天然密度计算出桩体单位深度（每延米）中天然土的用量为 353kg/m。以水胶比 0.50 取 3 个不同胶凝材料掺量进行配比设计。

（1）胶凝材料掺量为天然土用量的 16%。水胶比 0.50，桩体单位深度（每延米）中：胶凝材料重 $G_1=353\times0.16=56.48$（kg/m）；水泥重 $G_{c1}=56.48\times0.8=45.18$（kg/m）；粉煤灰重 $G_{f1}=56.48\times0.2=11.30$（kg/m）；水重 $G_{w1}=56.48\times0.50=28.24$（kg/m）。

其配比为：水泥∶粉煤灰∶天然土体∶水＝45.18∶11.30∶353∶28.24。

（2）胶凝材料掺量为天然土用量的 17%。水胶比 0.50，桩体单位深度（每延米）中：胶凝材料重 $G_2=353\times0.17=60.0$（kg/m）；水泥重 $G_{c2}=60.0\times0.8=48$（kg/m）；粉煤灰重 $G_{f2}=60\times0.2=12$（kg/m）；水重 $G_{w2}=60\times0.50=30$（kg/m）。

其配比为：水泥∶粉煤灰∶天然土体∶水＝48∶12∶353∶30。

（3）胶凝材料掺量为天然土用量的18%。水胶比取 0.50，桩体单位深度（每延米）中：胶凝材料重 $G_3=353\times0.18=63.54$（kg/m）；水泥重 $G_{c3}=63.54\times0.8=50.83$（kg/m）；粉煤灰重 $G_{f3}=63.54\times0.2=12.71$（kg/m）；水重 $G_{w3}=63.54\times0.50=31.77$（kg/m）。

其配比为：水泥∶粉煤灰∶天然土体∶水＝50.83∶12.71∶353∶31.77。

2.3.2　试拌

以上述计算的 3 个不同胶凝材料掺量进行试拌，并测定浆土拌和物容重。分别制作 28 天和 90 天无侧限抗压强度各两组，脱模后放置于恒温恒湿养护室中，养护至规定龄期，分别测定各组试块无侧限抗压强度。测定 0.5 水胶比水泥浆的相关性能指标见表 1。每个配合比试拌 4L 土样，则拌和物中各种材料用量及实测容重见

表 2。配合比试件的 28 天和 90 天无侧限抗压强度结果见表 3（水胶比为 0.50）。

表 1　　水泥浆性能指标

水灰比	稠度/s	容重/(kg/m³)
0.50	12.03	1730

表 2　　试拌材料用量表

试拌编号	水泥/g	粉煤灰/g	天然土/g	水/g	容重/(g/cm³)
JBZ1-1	959	192	7192	576	2.03
JBZ1-2	1019	204	7192	612	2.05
JBZ1-3	1079	216	7192	648	2.08

表 3　　试配强度试验结果汇总

配合比编号	无侧限抗压强度/MPa	
	28 天	90 天
JBZ1-1	1.8	2.1
JBZ1-2	2.1	2.3
JBZ1-3	2.6	3.0

2.4 确定试验室配合比

由表 3 可见，当水泥搅拌桩的水胶比为 0.50，胶凝材料掺量为天然土用量的 16%时，28 天无侧限抗压强度为 1.8MPa，达到设计强度的 133.3%，90 天无侧限抗压强度为 2.1MPa，达到设计强度的 116.7%，满足设计强度要求。

根据设计和现场施工的要求，水泥搅拌桩的试验室初步配合比确定为：水胶比 0.50，胶凝材料掺量为天然土用量的 16%，粉煤灰掺量为水泥的 20%，每延米材料用量为水泥：粉煤灰：天然土体：水=45.18：11.30：353：28.24。其中水泥浆配比为：水泥：粉煤灰：水=45.18：11.30：28.24=1：0.25：0.63。换算成水泥浆每方材料用量见表 4。

表 4　　水泥浆每方材料用量　　单位：kg

水泥	粉煤灰	水
923	231	577

搅拌桩施工前须按此配合比进行试桩，并以试桩结果来确定搅拌桩施工的相关工艺参数和最合理的配合比。

3 水泥搅拌桩质量控制

3.1 制桩

3.1.1 桩机就位

水泥搅拌桩桩机根据测量桩位就位，并用水平尺调平，用仪器校准使钻机井架垂直，以确保水泥搅拌桩的垂直度，在钻机架上设深度标尺，以确保钻进深度。

3.1.2 开钻

钻机就位后，启动电机，放松起吊钢丝绳，空压机开始送气，使钻头沿导轨下沉钻进。气压控制在 0.5MPa 左右，下沉速度以电机电流表检测，工作电流控制在 60～80A。钻进过程中，随时注意观察电机的工作电流，如有异常应停机，查明原因后方可继续钻进。

3.1.3 预拌下沉喷浆

待深层搅拌机下沉到一定深度后，即开始按照设计配合比拌制水泥浆，水灰比控制在 0.5。制备的水泥浆不能离析，水泥浆应在搅拌桶中不断搅拌，直至压浆时才可将其缓慢地流入集料斗中。深搅机到达设计深度后，开启灰浆泵将水泥浆压入地基，边喷浆，边搅拌，边提升，压力为 0.4～0.6MPa，提升速度为 0.8～1.2m/min，不喷浆时严禁提升钻机。

3.1.4 重复搅拌

深层搅拌机提升至设计加固深度的顶面高程时，集料斗中的水泥浆应正好排空。为使软土和水泥浆搅拌均匀，必须再次将搅拌机边旋转边下沉，至设计加固深度后将搅拌机提升出地面，提升速度控制在 0.5～0.8m/min 之间。

3.1.5 清洗

向集料斗中注入适量清水，开启灰浆泵清洗全部管路中残存的水泥浆，直至基本干净，并将黏附在搅拌头上的软土清理干净。

3.1.6 移位

重复上述步骤，进行下一根桩的施工。

3.2 水泥搅拌桩施工质量控制要点

（1）严格控制喷浆标高及停浆标高，施工前应测量钻杆的长度，并标上显著标志，以便掌握钻杆钻入深度、复搅深度，保证设计桩长。

（2）水泥强度等级必须符合要求，在现场做到下垫上盖，防止受潮结块。

（3）水泥浆不得离析，要严格按室内设计的配合比配置，并筛除水泥中的结块。为防止水泥浆发生离析，应在灰浆搅拌机中不断搅动，待压浆前才缓慢倒入集料斗中。

（4）严控喷浆时间、停喷时间和水泥浆喷入量，供浆必须连续，拌和必须均匀。一旦因故停浆，为防止断桩和缺桩，应使搅拌机下沉至停浆面以下不小于 0.5m，待恢复供浆后再喷浆提升。如因故停机超过 3h，为防止浆液硬化堵管，应先拆卸输浆管路清洗备用。

(5) 配备自动记录计量系统，作为水泥搅拌桩施工检验及验工计价的依据。

(6) 严禁在尚未喷浆情况下提升钻杆。搅拌机提升至地面以下 1m 时应慢速提升。当喷浆口即将出地面时，应停止提升，并继续搅拌数秒，以保证桩头均匀密实。

(7) 当搅拌桶浆材储备不足一根桩所用浆材时，不得施工下一根桩。

(8) 钻头直径磨损不得大于 10mm，施工中应随时检查起吊设备的平整度和导向架的垂直度，垂直度偏差不超过 1.5%。

(9) 详细记录钻进速度、提升速度、工作电流等施工参数。

3.3 质量检验

水泥搅拌桩质量检验包括桩头开挖、取芯和承载力试验等内容。

(1) 成桩 7 天后在浅部开挖桩头，深度不超过停浆面下 0.5m，目测检查搅拌桩的均匀性，测量成桩直径。检验数量为总桩数的 2‰，且不少于 3 根。

(2) 成桩 28 天后采用双管单动取样器在桩径方向 1/4 处、桩长范围内垂直钻孔取芯，观察桩体完整性、均匀性；取不同深度的不少于 3 个试样做无侧限抗压强度试验，检验数为总桩数的 2‰，且不少于 3 根。取芯后的孔洞用水泥砂浆灌注封闭。水泥搅拌桩取芯检测的 28 天无侧限抗压强度为 1.41～2.04MPa，满足大于 1.35MPa 的设计要求。

(3) 试桩完成 28 天以后，在桩身强度满足荷载试验要求时，进行单桩荷载试验，测定单桩复合地基承载力。通过检测，水泥搅拌桩地基承载力均满足要求的 150kPa。

4 结语

通过现场取土实测含水率，根据设计要求的水泥粉煤灰掺量进行室内试拌成型，检测强度，设计满足强度要求的水泥搅拌桩配合比，用于现场实际施工，取得了满意的成果，并为类似工程提供可供借鉴的经验。

铁路隧道二衬自注浆预防拱顶脱空技术

游关军/中国水利水电第五工程局有限公司

【摘　要】 新建川藏铁路成都至雅安段站前工程，采用自注浆系统预防拱顶脱空工法，并取得了良好的效果，它适用于新奥法施工的隧道。相比传统拱顶注浆工艺，此工法有效地避免了因隧道二衬拱顶脱空不能与初期支护共同受力所带来的质量隐患，起到了根治缺陷、确保工程质量的作用。本文对预防拱顶脱空工法的要点进行了阐述。

【关键词】 新奥法　拱顶脱空　自注浆

1　引言

隧道二衬混凝土在浇筑过程中常常受到人为因素、技术因素、混凝土干缩、徐变等因素的影响，在衬砌拱顶与围岩之间形成空隙。这种空隙会改变衬砌的受力结构，减弱其支护强度。根据新奥法理论，初期支护承载围岩70%左右的松散压力，二衬仅是用作安全储备和满足净空需求等。当围岩的收敛结束后进行二衬，形成抗荷环，只要混凝土的强度达到要求，那么就能保证隧道的安全。

目前国内隧道施工，初期支护往往只起到临时封闭作用，确切地说它只是施工过程中的一个措施。当初支收敛无法稳定时，一般紧跟二衬补救，这也是实际工程中遵循的一个施工原则。所以二衬的作用就不仅仅是安全储备，相反承载着较大的围岩松散压力。

在这种情况下，隧道背后是否存在脱空将直接影响隧道的安全。若有脱空存在，衬砌将无法在围岩和初支变形的第一时间起到主动限制变形的作用，只能在变形达到一定程度后被动支承，这样会给隧道安全造成巨大隐患。

有鉴于此，隧道二衬背后脱空防治显得尤其重要。

2　工程概况

新建川藏铁路成雅段Ⅱ标范围内有4条隧道，长共计3726m。其中青岗山隧道长890m，贺家山隧道长617m，金鸡关一号隧道长480m，金鸡关二号隧道长1739m。隧道二衬混凝土在浇筑中受诸多因素影响，在衬砌拱顶与围岩之间形成空隙，从而改变隧道的整体受力结构，减弱其支护强度。分析隧道拱顶脱空产生的原因，从防水板挂设、混凝土浇筑、台车支垫等方面采取防治措施，并在已浇筑混凝土充分流动密实以后、混凝土初凝以前进行自注浆，以减小或消除二衬背后拱顶脱空。

3　拱顶自注浆施工

3.1　工艺原理及优点

所谓拱顶自注浆与传统拱顶注浆原理相同，在一次混凝土灌注满（台车正常施工混凝土环节）利用自注浆系统在混凝土充分流动密实以后，混凝土初凝将自注浆设备注浆管从台车预留孔洞伸入进行注浆，待注浆完成后封堵预留孔。注浆采用单液水泥浆或水泥砂浆填充隧道二衬混凝土与初支、防水层之间的空隙。与传统拱顶纵向预埋注浆花管注浆方法相比，自注浆的优点是：①免去了注浆花管打孔及预贴注浆花管和排气管的时间；②不必考虑隧道是否因反坡施工影响注浆效果；③二衬混凝土初凝前即可注浆，节省了单独注浆的时间及配合的台车；④避免因较长的纵向注浆花管，因外部因素导致间歇时间过长，使其堵塞，影响注浆效果；⑤有效阻止在预贴注浆花管处形成地下水通道，阻止地下水沿纵向流动。

3.2　施工方法

（1）自注浆系统简介。自注浆系统由液压调整构件、注浆管等构成，采用径向注浆、水平扩散填充二衬与初支间的空隙，一般根据台车长度同时安装2～3套自注浆装置。自注浆系统如图1所示。

（2）自注浆系统安装。自注浆系统在台车的拱顶沿中线布置在台车前端4m处、后端4m处（台车长度不

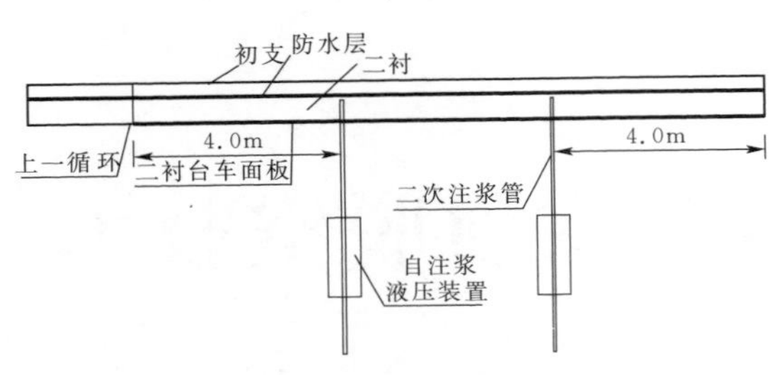

图1　自注浆系统简图

同，位置也有所不同）。安装时注意系统与台车的可靠连接，注浆管垂直导向机构操纵要灵活，台车开孔要圆顺，注浆管伸入台车的位置不能漏浆，注浆管退出后封堵装置要简便可靠，液压站（也可与台车液压系统共用液压站）及液压管线布置合理。

（3）一次灌注（灌注混凝土）。在一次灌注时，每一个相邻的二次注浆管都是观察孔。灌注时注意观察，一般情况下，二次注浆管流浆时是一次灌注注满的标志，此时需及时移动泵管到下一灌注口。一次灌注混凝土时应缓慢输送切不可操之过急，防止压力过大损坏台车。

（4）二次注浆施工。在台车立模完成后，启动自注浆系统，把二次注浆管伸入台车至距防水板10～30mm为宜。在整个就位过程中，一人操作液压机构，另一人配合观察伸出位置。在注浆管伸出过程中，如遇钢筋干扰，可调整钢筋位置。二次注浆需在已浇筑混凝土充分流动密实以后、混凝土初凝以前进行，一般在一次浇筑完成后2h左右为宜。

（5）拌制浆液。按设计二次注浆材料采用水泥浆。水灰比由工程试验确定，分0.4和0.5两个比级，以便浆液由稀到浓变换。

（6）二次注浆过程。注浆时缓慢输送，当压力持续快速上升或压力达到1.5MPa后，将注浆泵停下，等待几分钟后，当压力降到0.6MPa以下，再继续注浆，反复几次直到压力不能下降为止。顶部空隙注满后，将注浆管缓慢拔出，拔出过程中不间断注浆，完成后把注浆管拔出台车面板并及时使用注浆管封堵装置封堵二次注浆口。本工程台车设2套二次注浆口，依次使用。

3.3　质量控制措施

（1）台车刚度要求。台车应具有足够的动荷载刚度和强度，面板厚度不宜小于10mm。

（2）防水板铺设质量控制。①在铺设防水板前需完成喷射混凝土的施工，喷射混凝土表面平整度应符合$D/L\leqslant 1/10$的要求（D、L分别为初期支护基层相邻两凸面间的深度和距离）且$L\leqslant 1$m；②防水板下料长度应适当加长，实铺长度与初期支护基面弧长的比值宜为10∶8，铺设完成后应保证防水板与初期支护表面密贴无空洞；③防水板铺设应由拱部向两侧进行，禁止采用吊带式铺设，热熔垫片应与防水板同材质且在拱部固定点的间距不宜大于0.5m，对局部凹凸较大位置应在凹处加密固定点，避免衬砌浇筑时防水板脱落造成拱部空洞。

（3）拱顶自注浆及检查。①拱顶自注浆应纳入工序，在衬砌脱模前及时进行；②注浆材料采用高结石率的水泥浆或微膨胀水泥浆，注浆压力应达到0.6MPa，注浆过程中发现吸浆量过大时应停止注浆，查明原因后采取处理措施；③注浆完成三个月内采用人工敲击、地质雷达法等方法对拱顶衬砌质量进行自检，重点检查施工缝、预埋槽道位置，发现缺陷即及时处理；④自检合格后及时进行第三方检测，并在10天内完成中间检测报告。

（4）施工过程中监测。在施工过程中应加强监测，及时发现问题，以便针对性地采取措施，有效控制质量。

3.4　隧道施工过程控制措施

隧道二衬拱顶及拱腰脱空注浆处理只是修复补救的措施，而隧道施工过程控制才是避免二衬拱顶及拱腰脱空最好的方法。具体说明如下：

（1）保证光面爆破破效果是减少隧道二衬脱空最好的手段。

（2）加强围岩基面（初衬表面）的处理，保证基面平整，减少肋骨、凹凸，从而有效减少二衬脱空。

（3）挂防水板时，保证防水板紧贴初衬表面，同时预留足够的长度，以便防水板在浇筑混凝土过程中有余量延展以紧贴初衬表面，也可减少防水板背面出现脱空现象。

（4）注浆管埋设的时候，两头用棉纱堵住，顶紧到防水板上，以防止堵管。如果发生堵管，可用冲击钻把注浆管打通。

（5）在二衬混凝土施工时，加强混凝土拌和质量，保证混凝土的和易性。混凝土放料时，均匀注入，泵送混凝土后要保持60s左右的恒压以保证混凝土充分流动。

4　结语

采用自注浆方法，把自注浆系统安装在台车上，二衬混凝土浇筑完初凝前进行注浆，有效地避免了隧道二衬拱顶脱空现场的发生。经地质雷达等无损检测检查，注浆后的拱顶混凝土密实度大大提高，使衬砌施工合格率相应提高，确保初支与二衬间混凝土衔接密实。自注浆方法可减少施工劳动强度，加快施工进度，节约成本，实现安全、高质、高效施工。

高悬空重荷载的整流锥施工质量控制

刘　聪　段　炜　刘军国/中国水利水电第五工程局有限公司

【摘　要】江苏溧阳抽水蓄能电站上水库进出水塔整流锥施工中，采用预应力锚索吊拉底承式型钢平台加满堂盘扣式钢管架的支撑体系，通过分阶段张拉、分层浇筑、过程监控等手段，解决了因整流锥悬空高度高、跨度大、集中荷载重、工程体量大等施工难题，对同类工程施工质量控制具有借鉴意义。

【关键词】整流锥　钢桁架平台　质量控制

1　工程概况

江苏溧阳抽水蓄能电站由上水库、输水系统、地下厂房系统、下水库及地面开关站等建筑物组成。地下厂房安装 6 台单机容量 250MW 的混流可逆式水泵水轮电动发电机组，总装机容量 1500MW，采用一洞三机布置。上水库主要由 1 座主坝、2 座副坝、库岸及库底防渗体系组成。总库容 1423 万 m^3、死水位高程 254.00m、正常蓄水位高程 291.00m，主坝最大坝高 165m。

上水库进（出）水口塔有两个，塔体高程 242.00～295.00m，塔体上部框架主要由 8 个闸墩及联系板组成，8 个闸墩沿塔体中心环向布置，连系板每隔 6m 高布置一层，立柱及联系板中间预留闸门槽，在立柱闸门槽内部设置直径为 0.8m 的通气孔。联系板厚 1m，为外直径 37m、内直径 15m 的圆环形结构，如图 1 所示。塔体 242.00～251.50m 高程处布置有进水口整流锥，锥体呈双段异向圆弧锥体状，上下段圆弧半径分别为 3.6m、7.2m，锥体部分高度为 7.6m，最大直径为 11.335m，锥体上部为厚 2.5m 的混凝土板，其直径为 37m，悬空跨度达 21.0m，如图 2 所示。单个塔体工程混凝土工程量为 49800m^3，钢筋量为 3984t；单个锥体混凝土工程量为 123.6m^3，钢筋量为 7.5t，锥体上部 2.5m 厚板混凝土工程量为 2700m^3，钢筋量为 270t。

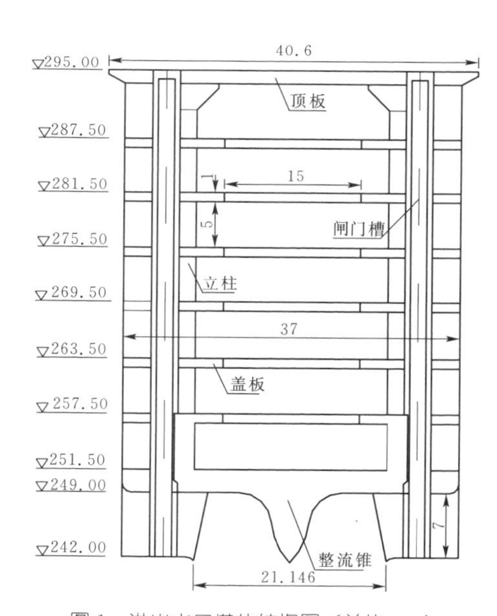

图 1　进出水口塔体结构图（单位：m）

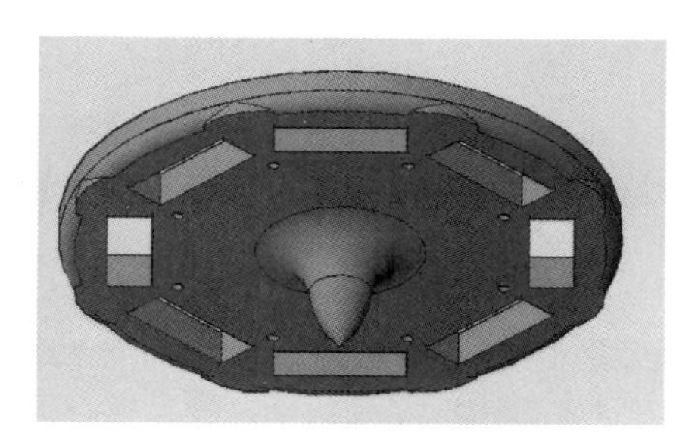

图 2　整流锥三维图

2 整流锥施工方案

根据整流锥悬空高度高、集中荷载重、跨度大、工程体量大的特点，结合现场实际情况，采取底承式的预应力锚索斜拉钢桁架平台加盘扣式钢管支模架的组合支撑体系及分阶段张拉、分层浇筑、过程监控的总体施工方案。

底承式组合支撑体系：在底座高程为 238.30m 处预留宽度 1.7m 的混凝土结构后浇，在预留平台上安装直径 20m 的 HM 型钢平台，该钢桁架平台由 32 束 4 支 1860 级 ϕ15.24 的无黏结预应力钢绞线吊拉至 8 个闸墩柱上，在平台上搭设满堂盘扣架，在盘扣架上安装工字钢支撑模板，如图 3 所示。

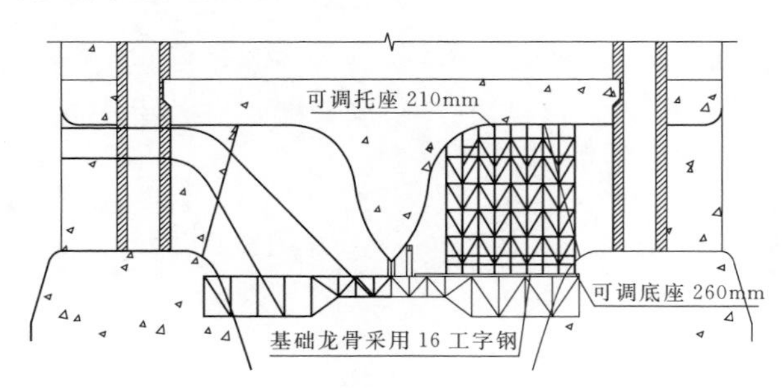

图 3 底承式 HM 型钢平台加盘扣架支撑体系示意图

双段异弧锥体采用钢板外包的方式，锥体钢板在钢结构加工厂制作，按环向分块、分瓣原则加工，锥尖采用冲压成型。

整流锥分三层浇筑：第一层浇筑整流锥锥体，浇筑高度 7.595m（高程为 241.405～249.00m）；第二层浇筑整流锥中部 1m 厚的盖板，浇筑高度 1.0m（高程为 249.00m～250.00m）；第三层浇筑整流上部厚 1.5m 的盖板，高度为 1.5m（高程为 250.00～251.50m），如图 4 所示。

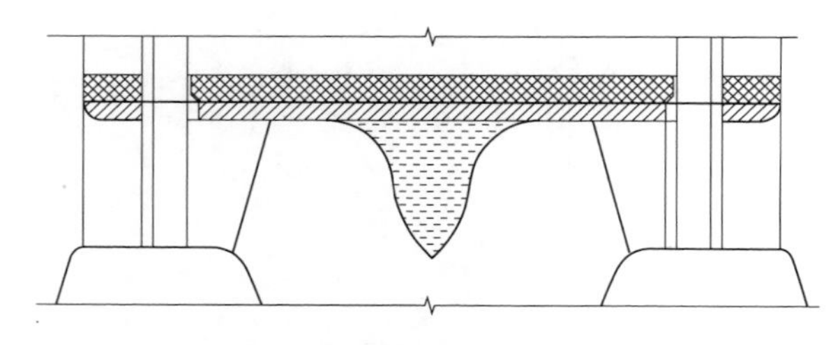

图 4 整流锥分层浇筑示意图

预应力钢绞线分两阶段张拉：在锥体浇筑前进行第一次张拉，在浇筑整流锥厚 1m 盖板前进行第二次张拉。

在每层混凝土浇筑前、浇筑后及浇筑过程中，对竖向支撑体系进行监测，监测项目有：钢桁架的应力和应变、锚索索力、H 型钢的应力和应变、中心 ϕ377 钢管的应力和应变、盘扣架的应力和应变等。

3 整流锥施工质量控制措施

3.1 整流锥支撑体系质量控制措施

3.1.1 预留混凝土平台及埋件

在进出水口塔体底座高程 238.30m 处预留平台，平台略向流道中心倾斜，便于排水，同时留够直径为 20m 的 HM 型钢平台的位置，特别是竖向预埋件的埋设位置，防止侧模胀模。

在进出水口塔体底座混凝土平台浇筑前预埋钢板，其位置根据钢桁架外侧主桁架确定，埋件用全站仪定位位置及高程，并用钢管或钢筋将其焊接牢固，避免浇筑时移位或下沉。混凝土浇筑时，及时清理预埋件上洒落的混凝土。

3.1.2 HM 型钢桁架平台制作安装

HM 型钢平在钢结构加工厂制作并进行预拼装，合格后分片拆除，然后运输至施工现场组装。型钢材料应满足设计要求，采用自动埋弧焊进行焊接或用高强螺栓连接，连接焊缝采用超声波探伤进行检测。

HM 型钢平台安装前，先将埋件清理干净；安装时，先把中心装置放在中间，然后连接各主桁架，主桁架与中心装置的连接采用高强螺栓，并用扭力扳手检测扭矩值是否满足设计要求。主桁架摆放时与其预埋件相对应，然后将其内外各一榀次桁架连接，组装好后采用两台 160t 的汽车吊对其抬吊，直线移动钢桁架平台，保证型钢平台顺利安放在其预留位置。

HM 型钢平台安放后，将其焊牢在水平和竖向的预埋件上；依次将其余桁架安装在 HM 型钢平台上，焊接在主桁架上，形成整体式钢桁架平台；钢桁架平台焊缝采用超声波探伤进行焊缝检查。

3.1.3 竖向支撑体系

竖向支撑体系主要用承插式盘扣架搭设。承插式盘扣架为塔式速接型钢管施工架，由可调底座、立杆、横杆、斜杆、上调托座组成的一套稳定、安全的结构系统支撑架，其立杆材质为 Q345，其余部件材质为 Q235。根据整流锥荷载分布情况，直径 10m 范围内采用 ϕ60 型立杆，其余部位采用 ϕ48 型立杆，另在锥尖部位采用 ϕ377 钢管现浇混凝土支撑，在直径 2m 的圆弧上采用 HW300×300mm 型钢进行环向支撑。

（1）I16 工字钢安装。钢桁架平台上的 I16 工字钢是为了按间距 90cm×90cm 搭设盘扣架。采用全站仪给初始工字钢定位，再按设计图纸摆放，位置偏差不超过 3cm；边摆放工字钢，边检查，合格后及时焊在钢桁架平台上，点焊牢固。

（2）盘扣架斜杆、中心柱钢管和 HM 钢环安装。中心钢管柱采用全站仪定位，位置偏差不超过 1cm；加劲肋、底板与中心钢管焊接牢固。在整流锥锥尖吊装前，适时浇筑钢管内的混凝土，采用振捣棒振捣密实。

HM钢环按设计图纸加工制作，运往现场后整体吊装，采用全站仪定位，其位置偏差不超过1cm。

(3) 盘扣架安装。盘扣架施工流程：施工准备及放样→排放可调底座→安装第一步距架体（立杆、横杆）→调整可调底座标高和架体水平度→安装第一步距架体（斜杆）→安装第二步距架体→……→安装最后一步距架体→安装可调托座→调节结构支撑高度→安装模板体系。

盘扣架采用25t汽车吊吊至作业面，人工搭设，确保插销卡入卡槽内。盘扣架安装完毕，待闸墩混凝土达到要求强度后进行预应力锚索安装。

盘扣架安装前，利用CAD等软件绘制出盘扣架每根立杆和底座的布置位置，计算出每根立杆高度，并根据立杆高度及盘扣架规范要求计算出底座、顶托丝杆调节高度以及立杆所需类型。

在现场对每根立杆位置进行放样，对盘扣架搭设人员进行技术交底。盘扣架搭设过程中，应确保每个底座位置立杆组合类型是否正确。

盘扣架的水平杆和斜杆与锚索位置冲突时，先拆除斜杆或水平杆，待预应力锚索预紧后，采用其他方式将相应部位连接。

盘扣架搭设完成后，联合业主、监理对盘扣架进行验收。

(4) 预应力锚索安装。浇筑混凝土前，采用金属玻纹管按设计位置安装，预留预应力锚索的孔道，安装偏差不超过2cm，金属玻纹管的接头采用专用接头连接，混凝土浇筑时，确保混凝土不进入玻纹管内。

预应力锚索采用单端张拉，张拉端设在闸墩上，采用张拉力控制，张拉值的偏差不超过张拉力的5%；盘扣架采用满斜杆按纵横向4排搭设，水平杆按1.5m间距搭设。

预应力锚索预紧后，检查锚索是否因盘扣架改变方向，如有，则卸掉相应杆件，重新预紧预应力锚索，然后采用相关措施连接相应的盘扣架。

3.2 整流锥钢衬板质量控制措施

整流锥锥体中心至闸墩内侧边缘部分为钢板外包混凝土，其中锥头部分钢板厚度为12mm，其他部分为14mm，直接作为混凝土浇筑过程中的支承模板，钢模板内侧面设置加劲肋板，确保混凝土浇筑过程中模板刚度满足要求。

3.2.1 钢衬板制作

整流锥在钢结构加工厂制作，采取水平分段、环向分瓣的原则分块，根据运输条件并确保组焊件不变形的情况下，尽量组焊成大件运输。

环向分块宽度和长度下料偏差不超过±3mm，钢板按设计图纸进行卷制，锥尖部分以冲压成型。

整流锥钢衬板制作完成后，应进行预拼装，检查结构体型是否满足设计要求，同时检查原材料质量证明书及焊缝检测合格证书，经验收合格后将各组件运往现场。

3.2.2 钢衬板安装

整流锥下半部在现场焊接完成后，采用25t吊车安放在灌注了混凝土的ϕ377钢管上；待钢管柱内的混凝土终凝后，继续安装其他钢衬板，整个钢衬板安装过程中，确保不出现十字焊缝。

钢衬板安装并焊接完成后，采用超声波探伤检测焊缝。

整流锥钢衬安装完毕后，及时调整盘扣架顶托，使其顶紧钢衬。

3.3 混凝土质量控制措施

整流锥钢衬安装完毕后进行整流锥混凝土施工，整流锥采取分层浇筑的方法进行整流锥及其上部盖板浇筑。钢筋、模板等主要材料采用塔吊吊运至作业面，混凝土采用10m^{3}混凝土罐车水平运输、47m^{3}混凝土汽车泵垂直运输入仓，插入式振捣器捣实。模板除外包钢板（内设加劲环和拉结筋）不用支模外，锥板外缘1m高范围内在水平方向和竖直两个方向均为圆弧形，采用定制钢模板，其余部分以钢模为主、木模辅助。为了保证混凝土浇筑质量，合理配置资源，锥板混凝土浇筑时，混凝土下料从圆形锥板外缘一点开始，分别沿顺、逆时针两个方向同时布料，采用斜层铺筑法。

3.3.1 模板安装

整流锥锥体中心至闸墩内侧边缘部分采用钢衬作为其模板，闸门间的整流锥结构底部采用木模拼装，整流锥侧模采用定制钢模。

底模底部采用14号工字钢作为主龙骨，在主龙骨垂直方向等间距布置5cm×10cm方木作为模板围檩，保证上部施工荷载可均匀传递至底部钢桁架。

底模安装完成后，及时进行模板校核，保证模板面高程与混凝土结构高程一致，不一致处及时调整模板底部可调托座，直至符合要求。

相邻木模间应拼装严合，接缝间粘贴一层双面胶带，以防止出现漏浆或应力集中现象。

3.3.2 钢筋制作安装

钢筋安装前，先布置钢筋网骨架，钢筋骨架下布置混凝土垫块来保证混凝土保护层的厚度，垫块强度不低于混凝土设计强度。垫块埋设铁丝与钢筋扎紧，互相错开，分散布置。

采用套筒连接时应保证钢筋规格和套筒的规格一致，钢筋和套筒的丝扣应干净完好无损；带连接套筒的钢筋应固定牢靠，外露端应有保护盖。

钢筋架设安装后，妥加保护，避免发生错动和变形。在混凝土浇筑过程中，安排值班人员经常检查钢筋架立位置，如发现变动及时矫正。

3.3.3 混凝土浇筑

锥体混凝土浇筑从中心下料，其坍落度控制在16～20cm，确保混凝土从中心往四周扩散，每次下料厚度不超过30cm。

整流锥锥板为圆形结构，根据支撑体系受力计算，混凝土浇筑可以从圆面上任意一点开始铺料。为避免混凝土浇筑过程中出现混凝土初凝现象，整流锥锥板1m厚混凝土从锥板的最外端开始下料，采用斜层台阶，每层混凝土厚度不超过30cm，沿顺、逆时针两个方向对称布料。待第一层锥板混凝土达到100%的强度后，逐层浇筑混凝土。

浇筑时采用ϕ50软轴振捣棒振捣，充分排出混凝土气泡，混凝土不显著下沉后再浇筑上层混凝土；浇筑上层混凝土时振捣棒须插入下层混凝土5cm，确保层间混凝土结合良好；如此循环，直至浇筑完锥体混凝土的浇筑。

混凝土养护采用土工布覆盖，并经常洒水，确保土工布长期处于湿润状态。

4 过程监测

为保证整流锥顺利的实施，在实施过程中对整流锥支撑体系的变形和应力进行安全监控。其过程中主要对锥尖混凝土浇筑前后、1m厚锥板混凝土浇筑前后及过程中、1.5m厚锥板混凝土浇筑前后及过程中进行了监测，并重点对1m厚锥板混凝土浇筑期间进行了应力应变监测。通过有效监测，将检测值与方案的计算结果进行对比分析，为整流锥支撑体系的安全运行提供了数据支持，并为整流锥的顺利实施提供科学依据。监测数据表明：

（1）整流锥钢衬板上监测点沉降量与钢桁架上监测点沉降量基本相符，说明施工过程中盘扣架基本无变形。

（2）整流锥钢衬板和钢桁架最大沉降量为12mm，钢桁架平台在整个施工过程的变形监测结果与计算分析结果基本相符，且满足支撑体系竖向变形不超过跨度1/1000的变形控制要求。

5 结语

溧阳抽水蓄能电站上水库进（出）水口塔整流锥悬空高、跨度大、集中荷载重、工程体量大、结构复杂，导致其施工难度十分巨大。通过精心设计支撑体系、认真编制施工方案、严格过程控制、适时监测等科学的方法和措施，顺利、高效地完成了整流锥施工任务。经过总结，笔者有如下几点体会：

（1）从施工角度精心设计支撑体系是保证整流锥顺利实施的先决条件。

（2）对临时支撑的钢桁架平台严格控制质量标准是必要的，如HM型钢材料、焊缝质量等级等。

（3）整个支撑体系和分阶段对预应力锚索张拉的方法，确保了整流锥姿态在施工过程中的稳定性。

（4）在类似施工难度巨大的复杂结构施工过程中，严格按照相关规范和施工详图、施工方案组织施工，确保施工质量符合要求，是工程顺利实施的必要保证。

海外燃气电站主机设备选型浅析

乔　瑾/中国电建集团国际工程有限公司

【摘　要】 海外火电市场中燃气电站项目占据比重很大，而且有增长趋势。但该类电站的主机设备——燃气轮机（简称“燃机”）关键技术研发和设备生产至今尚未完全国产化，而一直掌握在海外垄断供应商手中。因此，对于海外燃气电站的主机设备选型、发展趋势、应用分类及相关影响因素进行总结和分析，对于指导海外燃气电站EPC的设备选型和把控具有重要意义。

【关键词】 海外　燃气电站　燃气轮机

1　序言

伴随着国家“一带一路”战略的实施和深入推进，越来越多的中资企业走向了海外市场，向亚洲、非洲、南美洲甚至于欧美市场进军拓展，取得了一个又一个丰硕的成果。而作为这一战略的重点领域——发电项目在丰收的成绩单中占据着很大比重。

水电项目受河流水域分布影响大，项目开发和建设周期长；而随着海外电力市场环保标准的逐步提高，煤电市场在进一步萎缩；新能源（光伏、光热、风电及地热等）又尚未发展到足以支撑电力主流的阶段，因此天然气发电无疑成为当今电力市场开发的主流选择，其主机设备——燃气轮机在电力市场中无疑扮演着重要的角色。

然而，我国燃气轮机生产制造关键技术发展相对滞后，亟待突破，尚未形成规模性产能。其开发、生产、制造、调试、运行、维护等关键技术和领域一直掌握在外国人手中。而且，这一设备及附带备品备件和运行维护费用十分昂贵，在整个燃气电站项目开发中所占费用比重极高，中资企业在海外燃气电站市场开发、执行和履约中备受国外主机厂家掣肘。因此，本文以海外执行或完工的实际项目为基础，总结并探讨了海外某些区域及国别的燃气电站主机应用及特点。

2　燃气电站向着高参数、大容量、高效率的重型燃机方向发展

海外燃气电站项目有着向两极化方向发展的趋势。在电网发展条件成熟、电力缺口很大的国别和市场，业主直接选择最先进的高参数、大容量等级——H级燃气轮机作为国家地方或区域基荷电力。H级燃气轮机作为当前开发出来的最先进燃机，其单机出力可以达到400MW以上，典型二拖一可以达到全厂1200MW的出力；单循环效率可以达到40%以上，联合循环效率可以高达60%以上。而且，其具有单位千瓦造价成本相对较低的特点（整体电站EPC造价可以达到500美元/kW以下）。因此，其成为海外大型燃气电站的首选。目前具备H级燃机生产能力的主要有美国GE、德国SIEMENS和日本MHPS（三菱日立），以50Hz产品为例，主要厂家产品基本性能参数见表1。

表1　世界主要燃气轮机厂家H级燃机基本性能参数（50Hz）

项目＼制造商	GE		SIEMENS	三菱日立
燃气轮机型号	9HA.01	9HA.02	SGT5-8000H	M701J
输出功率/MW	429	519	425	470
单循环效率/%	42.4	42.7	>40	41
简单循环净热耗率/[kJ/(kW·h)，LHV]	8483	8440	<9000	8783
燃气轮机透平级数	4	4	4	4
排烟温度/℃	633	636	640	638
基本负荷（@15%O_2）下NO_x排放/10^{-6}	25	25	≤25	25
最小运行负荷CO排放/10^{-6}	9	9	≤10	9

2015年，我中资企业与巴基斯坦业主分别签订了赫维利（Haveli）1230MW联合循环电站[1]、必凯（Bhikki）1180MW联合循环电站[2]和百路凯（Balloki）1223MW联合循环电站[3]项目，所采用机型均为GE生产的9HA.01燃气轮机，配置均为二拖一联合循环。

同年，SIEMENS与埃及业主一次性签订了24台燃气轮机供货合同大单，所采用机型均为SIEMENS生产的SGT5－8000H燃机。

3 分布式能源电站向着小型燃气轮机或内燃机方向发展

在非洲某些落后区域，缺电状况急需改善，出于政治（如大选）或改善民生需要，海外业主对于工期要求极为紧迫，而往往大型燃气轮机供货周期占据了长达10个月以上时间，所以业主会优先选择能够大大缩短供货周期的小微型燃气轮机或内燃机，既能解决区域电力短缺状况，又可以大大缩短工期。在一些紧急电站项目中（fast track power plant），小微型燃气轮机或内燃机的应用可以将工期缩短为常规重型燃机的1/2。

（1）航改机（aeroderivative gas turbine）。如GE所生产的LM 2500（30MW等级）、TM 2500（30MW等级）和LM 6000（50MW等级）等。其中TM2500机型为可移动式航改机，增加了机组安置的灵活性和调节性。同时，由于这种机型重量较轻，甚至可以采用空运完成，大大节省了海运时间。在非洲某些国家如加纳、尼日利亚等国，航改机应用较为广泛。2012年华电携手GE在上海成立合资公司，GE转移部分部件生产技术，在中国可生产航改型燃气轮机LM2500系列、LM6000系列和移动式航改机TM2500系列。

（2）内燃机（combustion engine）。这些机型一般以重油燃料或轻油为主，有些可以兼顾天然气燃料，机组可以快速启停，具有很好的调峰效果。单机容量可以从几百千瓦到20MW。目前内燃机主要生产技术也为国外厂家把控，主要有韩国的现代、德国的MAN、芬兰的瓦锡兰和美国的卡特彼勒几家公司。每个厂家产品分布广泛，类型诸多，但对于近年来竞标项目采用较多的单机出力15～20MW机型只有MAN和瓦锡兰具备生产能力。内燃机电站市场分布主要在中西非（如冈比亚、几内亚和几内亚比绍等国家）和南亚区域（如孟加拉和巴基斯坦等国）。

（3）6B型燃机。作为50MW以下的一款重型燃机（heavy duty gas turbine）（ISO工况出力42MW）在分布式能源中应用也比较广泛。自20世纪80年代初以来，南京汽轮机厂与GE公司建立合作生产关系，合作生产6B和9E系列燃气轮机，但其主要应用市场为国内电站，应用到海外电站需要GE审批和许可。

小型燃机虽然可以大大缩短工期，但其单位千瓦造价相对较高，一般EPC造价在1000美元/kW左右。但由于其具有单机容量小、能够快速启停、调度灵活等优点，在分布式能源项目中备受青睐。

4 E级和F级燃气轮机依然为海外燃气电站主流选择

国外出于电网建设规模和发展现状考虑，兼顾电网消纳能力、电网稳定性和调节灵活性考虑，E级和F级燃气轮机依旧为当今国际燃气电站的主流。以笔者所了解的已经完工或者正在执行的部分项目为例：在南亚的孟加拉有SIEMENS的2000E燃气轮机项目、在非洲的尼日利亚有GE的9E.03燃气轮机项目、在南美的委内瑞拉有SIEMENS的5000F和GE的7FA燃气轮机项目和在东南亚的马来西亚有SIEMENS的4000F和GE的GT 26（F级）项目等，详情见表2。

表2 海外部分完工或在建项目燃气轮机机型简况

编号	项目名称	国家	装机	燃气轮机型号	燃气轮机数量
1	石卡巴哈电站	孟加拉	150MW	SGT5－2000E	1
2	新中心电站	委内瑞拉	4×192MW	SGT6－5000F	4
3	卡夫雷拉电站	委内瑞拉	2×190MW	7FA	2
4	康诺桥电站	马来西亚	385MW	SGT5－4000F	1
5	KIDURONG燃气电站10号、11号机组扩建项目	马来西亚	400MW	GT 26	1
6	尼日利亚燃气电站项目	尼日利亚	10×143MW	9E	10

5 油气领域对于燃气轮机机型的选择

随着天然气资源的开发和价格走低以及LNG技术的逐渐成熟，海外项目中有一些长距离、大口径天然气管道的配套建设。在长距离的输送过程中自然会设置增加站，保证气体输送的动力。而这些增压站往往也会配套燃气轮机，如中东某国的天然气增压站（Master Gas System）项目用到了GE的航改机LM2500。而在巴基斯坦许多天然气增压站用到的为Solar的系列燃气轮机（性能参数见表3）。

表3 美国Solar燃气轮机性能参数表

序号	机组型号	出力/kW	热耗率/[kJ/(kW·h)]	机组效率/%	烟气流量/(kg/h)	排烟温度/℃	机组尺寸			机组重量/kg
							L/m	W/m	H/m	
1	土星20	1210	14795	24.3	23540	505	6.7	2.4	2.7	10530
2	半人马40	3515	12910	27.9	68365	445	9.8	2.6	3.2	31620
3	半人马50	4600	12270	29.3	68680	510	9.8	2.6	3.2	38945
4	水星50	4600	9351	38.5	63700	377	11.1	3.2	3.7	45660
5	金牛60	5670	11425	31.5	78280	510	9.8	2.6	3.2	39055
6	金牛65	6300	10945	32.9	78950	550	9.8	2.6	3.3	39618
7	金牛70	7965	10505	34.3	96775	505	11.9	2.9	3.7	62935
8	火星100	11430	10885	33.1	152080	485	14.2	2.8	3.8	86180
9	大力神130	15000	10230	35.2	179250	495	14	3.2	3.3	86850
10	大力神250	21745	9260	38.9	245660	465	18.1	3.4	3.6	128635

6 影响燃气轮机选型的其他因素

随着燃气电站市场竞争激烈的加剧，主机厂家对于市场开发越来越深，甚至出现了主机厂家优先抢占资源、协助业主进行项目的前期开发、提供电站技术方案、提前进行机组选型，进而将自己的机型产品锁定项目，成为EPC执行时唯一机型选择。甚至这些主机厂家形成了具有各自优势的“势力范围”：如GE在非洲（尼日利亚、加纳等国）、中东和南美区域、SIEMENS在欧洲区域、三菱日立在亚太和美国等区域，在其“势力范围”内各自主机厂家具有压倒性的市场占有优势。从而使得EPC承包商在投标时对于机型没有其他选择，只能被动接受，降低了对主机厂家的选择性和把控力，失去了议价的主动性。针对这一状况，EPC承包商一方面需要进行市场深度开发，与业主保持密切联系；另一方面也要积累和钻研不同主机厂家不同产品的技术文件、价格水平和惯用合同条款，做到知己知彼，提高与主机厂家谈判的能力和主动性。

7 我国对于燃气轮机技术的引进和开发

2016年6月，东方电气股份有限公司与三菱日立电力系统公司签订了M701F5（F级）燃气轮机技术转让协议暨M701J（H级）燃气轮机技术转让框架协议。

2017年3月，哈尔滨电气集团公司与通用电气（GE）公司就重型燃气轮机合资项目签署协议，在河北省秦皇岛市建立燃气轮机生产基地，共同推进重型燃气轮机在我国本土化的研究制造，其合资项目将专注于GE 9F及9H级燃气轮机和部件的制造。

2015年，活跃在历史舞台上的法国电力巨头阿尔斯通被GE收购以后，其重型燃气轮机相关资产交割给安萨尔多能源公司，其中包括阿尔斯通正在研究的H级燃气轮机GT36。而2014年，上海电气收购了安萨尔多40%股权，双方在上海成立了合资公司，负责整机的研发、生产、技术服务和燃气轮机高温热部件的生产和维修，并且由上海电气控股，这意味着上海电气不但可以真正掌握中国一直稀缺的燃气轮机核心技术及后期维修服务技术，而且，后续也可以开发和生产H级燃气轮机，对于实现缩小我国与世界先进燃气轮机技术的差距和实现国产化、降低产品成本及后续运维成本、惠及中国EPC承包商都可谓利好。

8 结语

燃气轮机机型种类繁杂众多，各有特色，在不同的区域国别和不同环境条件下，对于机组选型需要从技术和商务造价等综合因素考虑。中资企业在海外燃气电站项目的开发中有了一定积累，但距对其核心及完整商务、技术体系掌握尚有差距。因此，一方面中国EPC承包商之间需要进一步积累、交流该领域经验；另一方面也需要提高我国燃气轮机国产化能力和水平，争取早日突破垄断，实现中国产品走出去，带动海外燃气电站市场更大的突破。

参考文献

[1] 商务部驻青岛特派员办事处．“一带一路”沿线再签大单 中国电建与巴基斯坦签订5.89亿美元电站项目[EB/OL]．(2015-10-15)[2017-08-09]．http://www.mofcom.gov.cn/article/

resume/n/201510/20151001133886. shtml.

[2] 新闻中心（公司要闻）. 哈电国际承建中国首个海外总装机容量最大 H 级联合循环电站[EB/OL].（2015 - 10 - 14）[2017 - 08 - 09]. http://www. china - hei. com/home. php/News/news_2_view/id/3795.

[3] 新闻中心（公司要闻）. 哈电国际再添海外联合循环电站项目大单——巴基斯坦百路凯（Balloki）1223MW 联合循环电站项目总承包合同正式签订 [EB/OL].（2015 - 11 - 04）[2017 - 08 - 09]. http：//www. china - hei. com/home. php/News/news _ 2 _ view/id/3849.

江苏溧阳抽水蓄能电站上水库进（出）水口隧洞段异形压力钢管安装

陈　林/中国水利水电第五工程局有限公司

【摘　要】本文简要介绍了江苏溧阳抽水蓄能电站上水库进（出）水口隧洞段异形大尺寸压力钢管安装施工技术，重点介绍钢管的布置型式、结构特点和安装方案策划及安装中几个关键技术解决办法，对类似钢管安装施工有一定参考意义。

【关键词】抽水蓄能电站　异形压力钢管　安装

1　工程概况

江苏溧阳抽水蓄能电站安装6台单机容量为250MW的水泵/水轮机电动/发电机组，其引水系统为一管三机布置，引水钢管从上库至机组由上水库进（出）水口隧洞段钢管、上平段钢管、竖井钢管、下平段钢管、岔管及水平支管组成。

上水库进（出）水口隧洞段的钢管包括直管段（J1—J11）、弯管段（J12—J29）和渐变段（J30—J39），其中弯管段和渐变段钢管为异形钢管，钢管布置型式较为特殊（图1），钢管断面尺寸呈由小变大再变小，断面形状多样且钢管外形尺寸大，中间部位的钢管不能整节运输就位，需在洞内将瓦片拼装成节。施工运输通道有两条，第一条通过施工支洞到上平段钢管再到达弯管段和渐变段底部，第二条通过上库库底的临时道路到达直管段顶部平台（高程为200.00m），但两条通道都不能满足钢管的最大管节整节运输。第一条通道主要作为上平段、竖井土建施工及钢管安装的通道，如从这条通道运输钢管，施工干扰大。由于地质条件差，该部位的土建开挖采取全断面型钢支护和系统锚杆支护，洞内布置"天锚"等起吊装置困难且安全风险较大，需选取安全可靠的吊装及运输设备以保证钢管运输进洞和洞内运输。

2　安装方案

2.1　钢管布置特点

为防止机组抽水工况下水流流出进（出）口时产生较大偏流，上水库进（出）水口隧洞段钢管设计成异形，体型结构复杂，*HD*值大，外形尺寸大。布置设计有两大特点：其一，钢管断面尺寸由小变大再变小，为"两端小中间大"，直管段钢管断面形状为圆形，内径9200mm，弯管段钢管断面形状为长椭圆形，最大管节外形尺寸13970mm×9884mm×2838mm，渐变段钢管断面形状为长椭圆形，最小管节外形尺寸为9768mm×9768mm×2000mm；其二，弯管段不同于常规的同心圆弯管，而是设计成"三心圆"异形弯管，断面呈现三个圆心，钢管轴线中心和上、下部分圆心。

2.2　钢管安装难点

隧洞式压力钢管安装一般的安装方法是在洞外将钢管组拼焊接成节，用运输车以平躺方式运输到洞内卸车、翻身，然后用运输台车运输就位、调整、定位、固定、焊接。根据上水库进（出）水口隧洞段压力钢管的布置型式、特点和交通条件以及隧洞的地质条件，该部位的钢管采用常规的安装方法是不可行的，首先如果将钢管在洞外组拼成节，由于钢管"两头小、中间大"布置特点，中间大断面尺寸的钢管就不能运输进洞；其次如采用瓦片运输进洞，在洞内水平组拼成节，需在洞内扩挖较大的施工场地，用于管节拼装和布置起吊设备。由于隧洞的地质条件差，洞内扩挖施工难度大，增加工程量，另外布置起吊设备的吊点存在一定的安全风险，而且在洞内水平组拼工序复杂、时间长（特别是管节的翻身）。综上所述，需研究、探索一套新的安装方法。

2.3　钢管安装方案

将钢管分为4个瓦片制作，在制造厂进行管节的预组拼和相邻管节的预组拼；在竖井底部垂直扩挖出小块场地作为钢管洞内组拼场，在竖井顶部和井底设置拼装

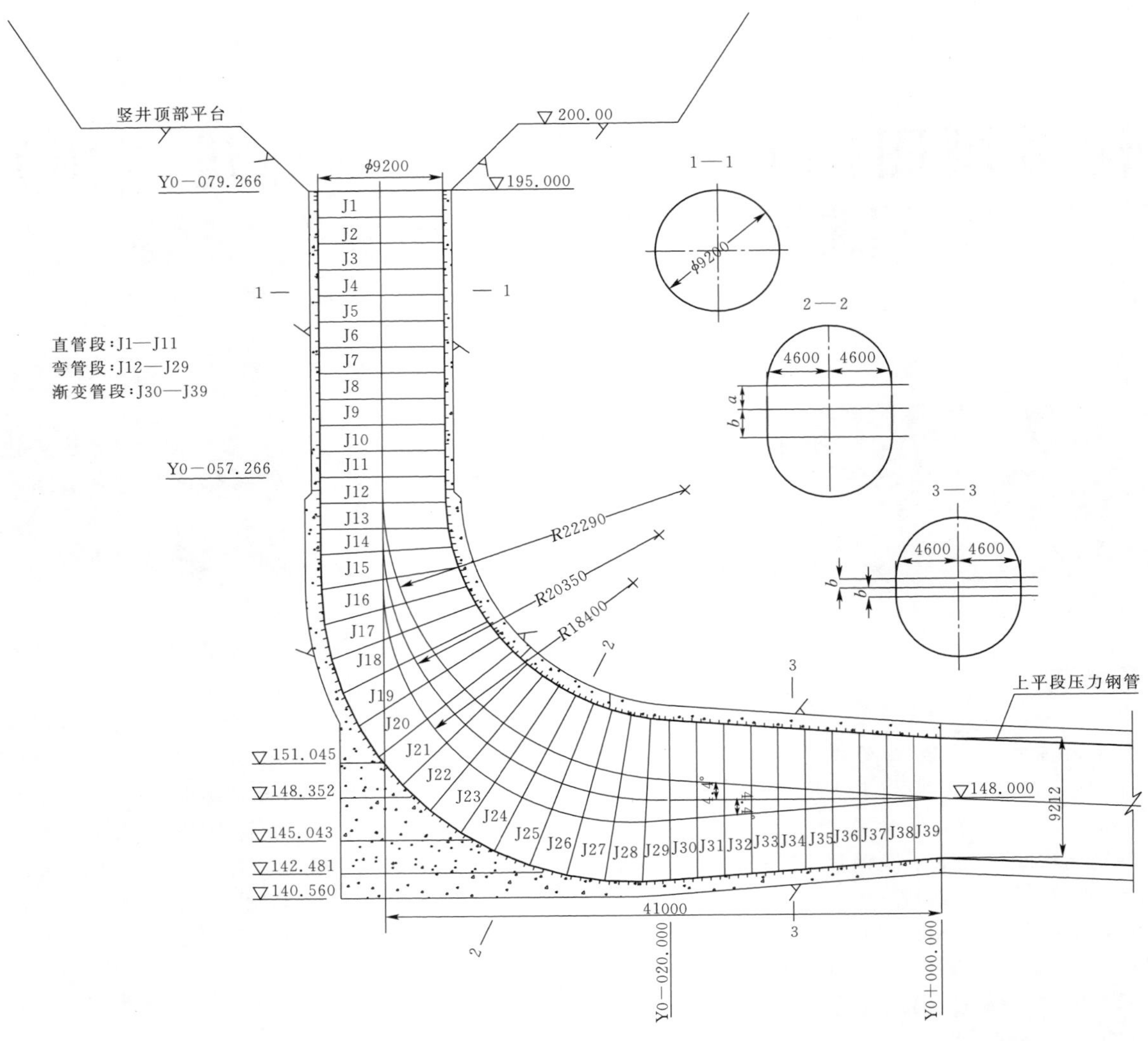

图1 上水库进（出）水口隧洞段的钢管布置图（尺寸单位：mm）

平台，安装布置钢管水平运输轨道和牵引设备，采用汽车起重机进行钢管瓦片卸车、组拼及垂直吊装。

各部位钢管安装方法如下：

（1）渐变段和弯管段钢管（J26—J29）安装。钢管瓦片用运输汽车通过库底临时道路运至竖井顶部卸车，在拼装平台将钢管的4个瓦片两两拼焊成一体，然后用汽车起重机吊装至井底进行整节组拼，钢管在洞内采用竖立拼装，将两节钢管拼装成一大节后，安装钢管水平运输滑移支腿，用牵引设备将钢管拖移就位后，进行调整、焊接等安装工作。

（2）弯管段钢管（J20—J25）安装。已装钢管浇筑混凝土后，在混凝土上拼装钢管，水平滑移到已装钢管上，钢管底部焊接挡块，采用支撑翻转法将钢管就位后，进行调整、焊接等安装工作。

（3）弯管段钢管（J12—J19）采用直接吊装钢管瓦片到已装钢管上拼装。

（4）直管段安装，在竖井顶部拼装平台上将瓦片拼装成节，整体吊装就位，然后进行调整、焊接等安装工作。

3 几个关键技术解决办法

3.1 钢管吊装方式

根据施工现场条件，选用具有准备时间短、进场时机灵活、费用低、安全可靠等特点的汽车式起重机作为钢管吊装设备，按钢管各管节参数选取汽车式起重机型号。

弯肘段的最重件重为22t，渐变段的最重件重为15.5t，直管段最重件重为12.5t，吊车工作最大作业半径为15m，据此选用130t汽车式起重机。汽车式起重机性能参数为：配重45t，工作半径为14m、臂长为21m时，吊重29t，工作半径为16m、臂长为21m时，吊重23t，满足所有钢管吊装要求，汽车式起重机作业时平面布置如图 2 所示。

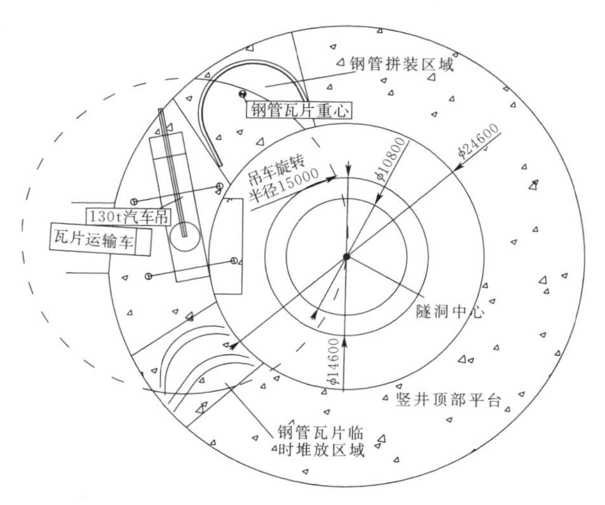

图 2　汽车起重机平面布置图（尺寸单位：mm）

3.2　钢管洞内拼装

因大部分钢管整节运输进洞受限，钢管需要分瓣进洞，在洞内进行组拼。钢管组拼有平躺和竖立拼装两种方式，平躺拼装操作容易，拼装质量易保证，但场地占用大，拼装后需翻身，要布置吊装设备，而竖立拼装的操作难度和拼装质量保证难度相对要大一些，但是拼装场地较小，拼装后不用翻身，不需要布置吊装设备。

综合两种方式的优缺点，结合现场实际情况，钢管洞内拼装采用竖立拼装方式，在竖井底部（弯管段）扩挖一块场地作为钢管拼装场地（图 3）。钢管制作时已进行了管节预拼装，瓦片间布置了定位装置，以保证拼装质量。现场拼装时，在竖井顶部拼装平台将钢管拼装成两瓣（上、下部分），先将下半部分吊装到井底调整固定，再将上半部分吊装与下半部分进行组拼。

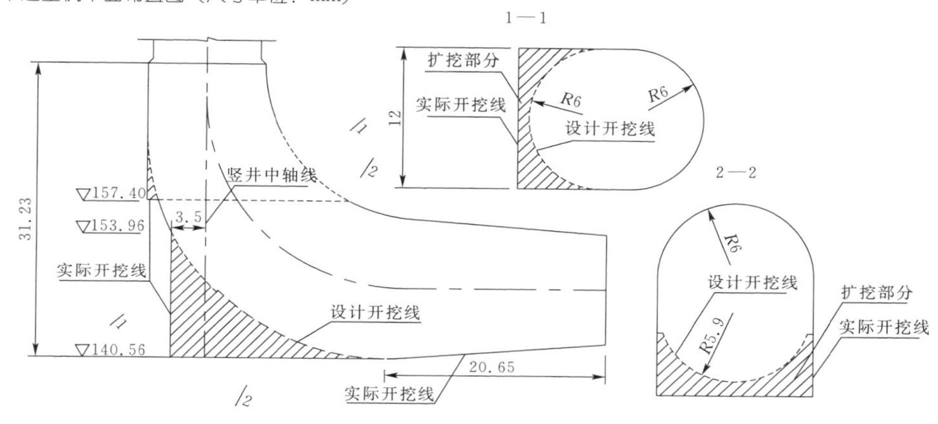

图 3　竖井底部扩挖布置图（尺寸单位：m）

3.3　钢管洞内水平运输

钢管在洞内水平运输方式选择上有两种方式可选择，滚动台车运输和滑支腿靠滑动运输，从承载、稳定性、灵活性等综合考虑选择后一种方案。滑支腿采用型钢及钢板加强与钢管焊接成一体，刚性强，承载力大、稳定性好。渐变段钢管运输有一段上坡，可将滑支腿做成前低后高，防止在上坡时钢管向后倾倒使运输更为稳定；滑支腿制作高低可根据每一节钢管安装高程计算，就位后钢管的高程调整量小，缩短安装调整时间；另外只要钢管拖运出拼装工位就能进行下一节钢管的拼装，从而提高了钢管安装速度。钢管就位后，支腿可不拆除而用于钢管的底部支撑，减少了支撑安装时间。滑支腿三维结构如图 4 所示。

图 4　滑支腿三维结构图

3.4　部分弯管管节就位方式

部分弯管采用竖拼、运输靠近已装管节，不能直接就位，采用翻转方法将钢管就位，在已装管节的底部焊接支撑板，作为钢管翻转的支点，在需就位的钢管底部用千斤顶向上顶升，在需就位钢管和已装钢管顶部间加装手拉葫芦对拉，使钢管翻转，在钢管翻转接近向下倾翻前，在钢管顶部加装顶杆装置，防止钢管在翻转时突然下坠。

4 结语

江苏溧阳抽水蓄能电站上水库进（出）水口隧洞段压力钢管布置型式新颖、体型结构复杂、外形尺寸大、地质条件差，给钢管的安装带来了一定难度，但通过钢管分瓣吊装进洞、洞内竖拼、滑支腿水平运输、翻转就位等技术，使钢管安全、顺利、按期安装完成，对类似工程有一定的参考意义。

门形工装架在水电站闸门安装中的设计应用

李　刚　尹克祥/中国水利水电第五工程局有限公司

【摘　要】南充小龙门电站尾水闸门群因受场地限制，采用自制门形工装架进行吊装。本文介绍了采用经典解析法对工装架主要结构的强度和稳定性进行验算，可为类似工程提供借鉴。

【关键词】门形工装架　强度　稳定性　验算

1　工程概况及问题的提出

南充小龙门电站尾水闸门群受已浇筑完毕的尾水固卷启闭机排架柱及尾水消力池影响，汽车吊等垂直起吊设备无合适布置位置，无法进行闸门卸车、安装，即使临时铺垫平整尾水消力池，汽车吊也因各闸门的安装位置不同而不停改变起吊位置，极大影响了施工效率，增加施工成本。经现场调研考察，唯有在尾水事故检修平台铺设钢轨，采用自制工装架，利用卷扬机牵引拖运闸门至安装部位下闸封堵（图1）。

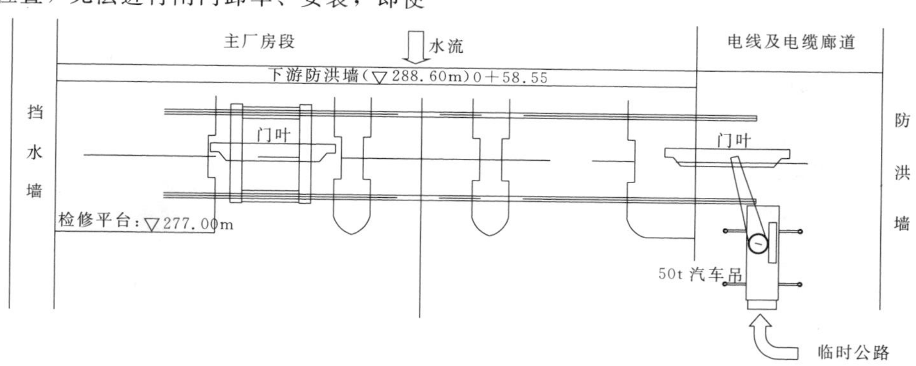

图1　尾水闸门安装整体平面布置示意图

2　施工方案验算

尾水门叶安装采用自制工装架拖运各节门叶到孔口上方进行安装、下门（图2）。

已知：小龙门尾水闸门门叶为平面定轮/滑动闸门，门叶外形最大几何尺寸为15660mm × 12515mm × 2086mm（长×高×厚），整扇门叶总重约208t，共分为四节，上节门叶最重为52.54t，其几何尺寸为15560mm × 3650mm × 2086mm（长×高×厚），吊点间距为10190mm。

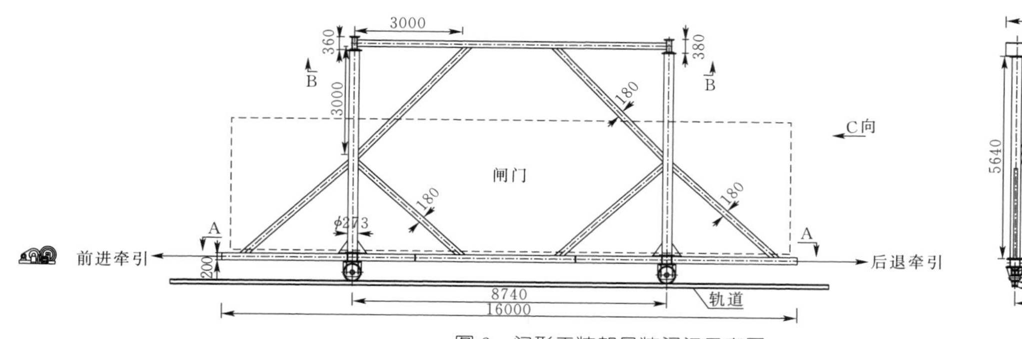

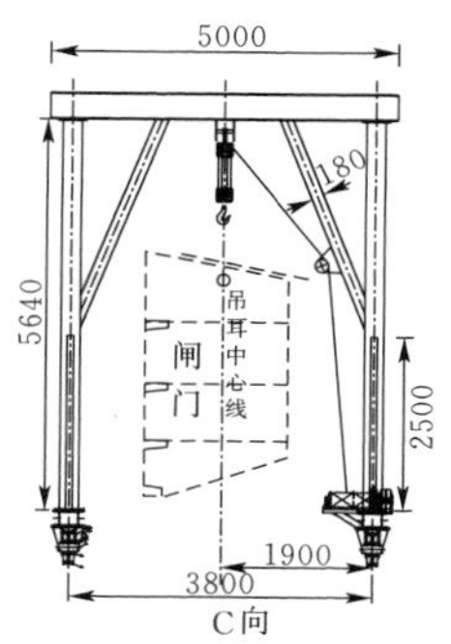

图2　门形工装架吊装闸门示意图

受力分析：工装架采用双吊点，保证工装架在起吊上节门叶的安全系数为 1.2；动载系数为 1.1；则工装架的最大启闭力为 69.3528t；单个吊点的承受力为 34.6764t（346.764kN）。

工装架主吊梁承受剪切力和纯弯曲正应力，首先对主吊梁组合截面进行形心、惯性矩和抗弯截面模量系数计算（图 3）；再对承重立柱分别进行压杆稳定受力分析、计算。

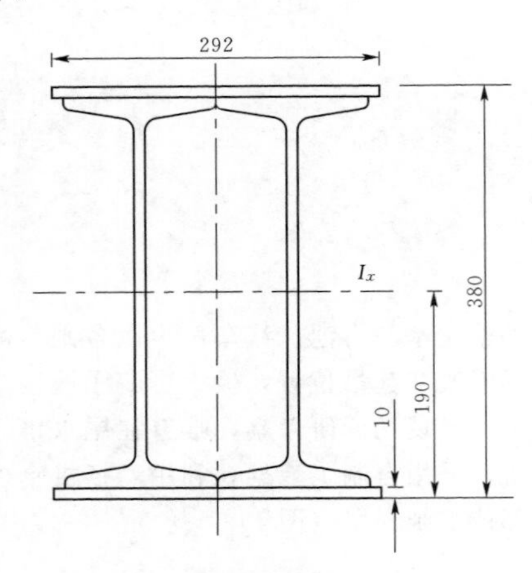

图 3　主吊梁截面示意图

2.1　主吊梁组合截面参数计算

长度为 3.8m 的Ⅱ36a 箱形梁并在上下各贴一块 $\delta=10$mm 的钢板，现对其组合参数核算：

已知：$\delta=10$mm，$l=292$mm，钢板参数：$I_x=2.433\text{cm}^4$；$y_c=5$mm；$A=29.20\text{cm}^2$；36a 工字钢参数：$I_x=15760\text{cm}^4$；$y_c=180$mm；$A=76.3\text{cm}^2$。

求：10mm 钢板和 36a 工字钢箱梁的组合截面参数。

（1）组合截面形心计算：

解：$S_1=1095\times10^3\text{mm}^3$；$S_2=1449.7\times10^3\text{mm}^3$；$S_3=14600\text{mm}^3$

$$S_x=S_1+2\times S_2+S_3=4009\times10^3\text{mm}^3$$

$$A=2\times(A_1+A_2)=21100\text{mm}^2$$

形心：$y_c=\dfrac{S_x}{A}=190\text{mm}$

（2）组合截面 I_x 惯性矩计算：

解：$I_{x1}=9996.133\text{cm}^4$；$I_{x2}=15760\text{cm}^4$

$$I_x=2\times(I_{x1}+I_{x2})=51512.267\text{cm}^4$$

（3）组合截面抗弯模量计算：

解：$W=\dfrac{I_x}{y_c}=2711.17\text{cm}^3$

2.2　主吊梁受力计算

主吊梁可看作为集中载荷的简支梁，要进行正应力强度校核，按照简支梁进行跨中受力分析计算：

（1）主吊梁纯弯曲正应力：

$$\sigma_{\max1}=\frac{M_{\max}}{W}=\frac{pl}{4w}=\frac{346.764\times10^3\times3.8\times10^3}{4\times2711.17\times10^3}$$

$$\approx121.51(\text{MPa})<\sigma_p=160\text{ MPa}$$

（2）主吊梁最大剪力计算：

$$Q_{\max}=P=346.764\text{kN}$$

$$\tau_{\max}=\frac{Q_{\max}}{2\times(A_1+A_2)}=\frac{346.764\times10^3}{2\times(29.2+76.3)\times10^2}$$

$$=16.434\ (\text{MPa})\ll[\tau]=\frac{1}{2}[\sigma]$$

2.3　立柱稳定性计算

分析：门叶的自重、门架的自重，附件（滑轮组、钢丝绳）最后的荷重全集中于四根立柱上，因此，四根立柱承受很大的垂直抗压正应力，单根立柱承受的最大压力约为 191kN，选用 $\phi273$ 结构用无缝钢管，壁厚 $\delta=8$mm，长度 $L=5640$mm；$A=6656.8\text{mm}^2$。

解：惯性半径：$i_x=i_y=\dfrac{D}{4}\sqrt{1+a^2}=93.73$

柔度：$\lambda_x=\lambda_y=\dfrac{\mu l}{i_y}=\dfrac{0.5\times5640}{93.73}=30.086$

临界应力：$\sigma_{cr}=\sigma_s-a\lambda^2=235-0.00668\times30.086^2=228.953\ (\text{MPa})$

强度校核：$\sigma_{\max}=\dfrac{N}{A}=\dfrac{191\times10^3}{6656.8}=28.692\ (\text{MPa})$

考虑 Q235 钢因为 $\lambda_x=\lambda_y=30.086$，则其压杠折减系数 $\psi=0.935$，$\sigma_{lj}=\sigma_{cr}\psi=228.953\times0.935=214.071$ (MPa)

安全系数：$n_g=\dfrac{\sigma_{lj}}{\sigma_{\max}}=\dfrac{214.071}{28.692}=7.46\geqslant[n_w=3]$

2.4　顶横梁工字钢选型

分析：顶横梁长度约为 9m，它主要承受抗拉力，无其他附加力，主要考虑其自重而造成的下垂挠度以及在门架运行过程中的自由晃动稳定性；为了提高立柱的稳定性，尽可能减小压杠长度或者在压杠中间增设支座，即将同一侧立柱用Ⅰ18工字钢连接。主吊梁与立柱、顶横梁与立柱、底横梁与立柱焊接斜撑，满足整个结构架的稳定性。

据 $\sigma_{\max}=\dfrac{N}{A}\leqslant[\sigma]$，顶横梁可选用Ⅰ18工字钢合并做成箱形梁使用。

2.5　斜撑工字钢选型

分析：斜撑的主要作用是承受顶横梁自重造成的下垂挠度，稳定顶横梁因连接过长而在运行过程中的晃动，并能增大立柱的稳定性，对整个门架起稳定平衡作用，增强整个框架的牢固，选用Ⅰ18 工字钢做斜撑使用。

2.6　底横梁槽钢选型

分析：底横梁即为行走梁，连接着前后车轮立柱。

以立柱处的底横梁为原点，在平面汇交力系上可分解为F_x、F_y两个分力。F_x力对整根底横梁形成抗拉受力，成拉伸状态；F_y力使在轮子上面的底横梁不仅要承受门叶及附件的自重，还要承受门架的自重，按最大立柱承受力 191kN 考虑，选择 2 根 20 槽钢做底横梁，两槽钢腰厚的中心距 265mm，则抗压最大应力为 $\sigma_{max}=\frac{N}{A}=\frac{191\times10^3}{2\times32.83\times10^2}=29.089$（MPa）。

2.7 吊耳板尺寸选型

分析：每一根吊梁上均焊接有 2 个吊耳板作为吊点，由于每对吊耳板共同承受 346.764kN 重量，整个吊耳板的危险截面在吊耳板孔断面处（图 4）。

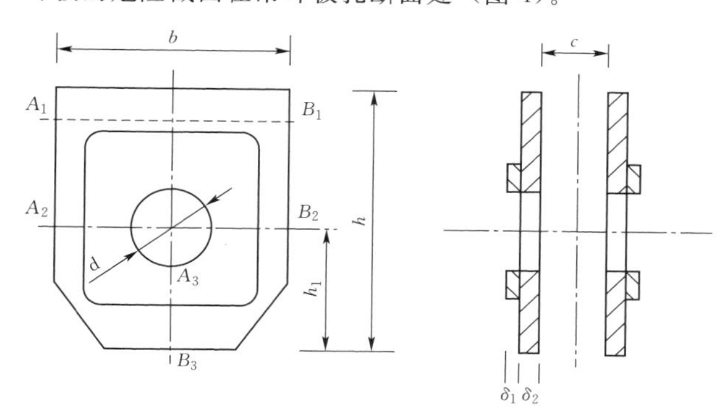

图 4 主吊梁吊耳板示意图

设计：用 Q235 钢材质做吊耳板，吊耳板参数如下：$b=280$mm，$d=95$mm，$h=315$mm，$h_1=147$mm，$\delta_1=16$mm，$\delta_2=24$mm，$c=80$mm；

验算：（1）在断面 A_1B_1 处的抗拉强度：

$$\sigma_1=\frac{KQ}{2b\delta}=\frac{1.1\times346.764\times10^3}{2\times280\times24}$$

$$=28.38(\text{MPa})<[\sigma]$$

式中 K——动力系数，取 1.1；

$[\sigma]$——许用拉应力，$[\sigma]=\frac{\sigma_s}{2}$；

δ——吊耳板的厚度；

b——吊耳板的宽度。

（2）吊耳板孔断面 A_2B_2处的抗拉强度：

$$\sigma_2=\frac{KQ}{2(b-d)\delta}a_j\leqslant[\sigma]$$

$$=\frac{1.1\times346.764\times10^3}{2\times(280-95)\times(16+24)}\times2.3$$

$$=59.2779(\text{MPa})<[\sigma]$$

式中 a_j——应力集中系数，$a_j=\frac{d}{b}\Rightarrow2.3$；

d——吊耳板的孔径；

其他符号含义同前。

吊耳板孔的平均挤压应力：

$$\sigma_j=\frac{KQ}{2d\delta}\leqslant[\sigma_j]$$

式中 σ_j——许用挤压应力，$[\sigma_j]=\frac{\sigma_s}{3}$；

其他符号含义同前。

则
$$=\frac{1.1\times346.764\times10^3}{2\times95\times40}$$

$$=50.19(\text{MPa})<[\sigma_j]$$

（3）在断面 A_3B_3处的抗拉强度，按拉曼公式计算：

$$\sigma_3=\sigma_j\frac{D^2+d^2}{D^2-d^2}$$

$$=50.19\times\frac{147^2+95^2}{147^2-95^2}$$

$$=122.181(\text{MPa})<[\sigma]$$

（4）吊耳板焊缝验算：

$$\sigma=\frac{\frac{Q_{计}}{2}}{2L_w\delta0.7}$$

式中 L_w——焊缝计算长度，等于设计长度减去 10mm；

δ——焊件的最小厚度。

$$L_w=280-10=270\ (\text{mm})$$

$$\delta=0.7\times15=10.5\ (\text{mm})\ （设焊缝\ \delta=15\text{mm}）$$

代入公式：$\sigma=\frac{173382}{2\times270\times10.5}$

$$=30.579\ (\text{MPa})<[\sigma]$$

采用手弧焊，吊耳板单面开坡口，使用 T42 焊条进行 15mm 的角形焊缝。

（5）吊轴直径 d 的剪切强度验算：

$$\tau=\frac{Q}{A}=\frac{KQ/2}{\pi d^2/4}=\frac{2KQ}{\pi d^2}\leqslant[\tau]$$

式中 K——动力系数，取 1.1；

$[\tau]$——许用剪应力，$[\tau]=\frac{\tau_s}{2.5}=\frac{0.6\sigma_s}{2.5}$。

则 $\tau=\frac{2\times1.1\times346.764\times10^3}{3.14\times90^2}$

$$=29.995\ (\text{MPa})<[\tau]$$

为增大吊轴的安全性，可选用 45 号钢制作成 $\phi90$ 的吊轴；

2.8 轮压计算

（1）最大静轮压力。因为 A、B、C、D 四个支点静轮压为（图 5）：

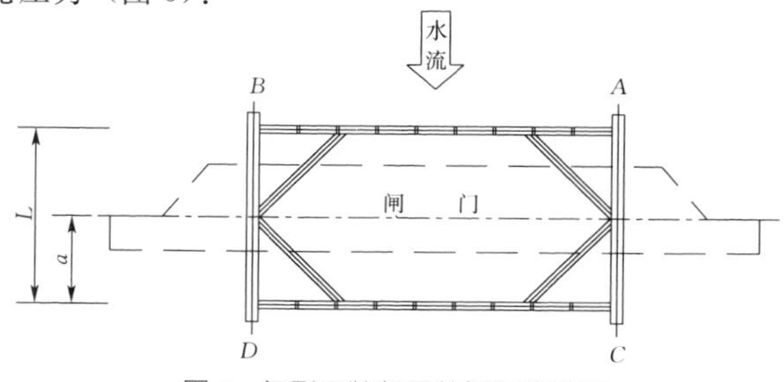

图 5 门形工装架吊装闸门俯视图

$$P_{AJ}=P_{BJ}=\frac{G_1}{4}+\frac{a}{2L}G_2$$

$$P_{CJ}=P_{DJ}=\frac{G_1}{4}+\frac{L-a}{2L}G_2$$

式中　G_1——小车架自重；

G_2——门叶自重含附件；

a——门叶中心线至工装架轨道中心线距离；

L——小车轨距。

最大静轮压即为

$$P_{CJ}=P_{DJ}=\frac{125\times10^3}{4}+\frac{3.8-1.9}{2\times3.8}\times525.4\times10^3$$

$$=31250+131350$$

$$=162600(\text{N})=162.6(\text{kN})$$

最小静轮压即为

$$P_{AJ}=P_{BJ}=\frac{125\times10^3}{4}+\frac{1.9}{2\times3.8}\times525.4\times10^3$$

$$=31250+131350$$

$$=162600(\text{N})=162.6(\text{kN})$$

卸载后最小静轮压：

$$P_{AJ}=P_{BJ}=P_{CJ}=P_{DJ}=\frac{125\times10^3}{4}$$

$$=31250(\text{N})=31.25(\text{kN})$$

（2）车轮疲劳荷载计算。设计车轮材料采用ZG65Mn或ZG50MnMo；$D=\phi400$，轨道选型为P_{43}；

$$P_c=\frac{2P_{max}+P_{min}}{3}$$

式中　P_{max}——工装架正常工作时的最大轮压，N；

P_{min}——工装架卸载后工作时的最小轮压，N。

代入式中：$P_c=118.817$kN

（3）车轮踏面接触强度计算。按赫兹公式计算接触疲劳强度。

线接触的允许轮压：$P_c\leqslant K_1DLC_1C_2$

式中　K_1——与材料有关的许用线接触应力常数，N/mm^2；本处根据车轮材质抗拉强度取6.8；

D——车轮直径400mm；

L——车轮与轨道有效接触长度46mm；

C_1——转速系数，本处取1.1；

C_2——工作级别系数，本处取1。

代入式中：$P_c=118.817\text{kN}\leqslant137.632\text{kN}$

因为参考张质文等主编的《起重机设计手册》（表1），所以直径400mm，选用材质ZG65Mn铸钢车轮满足使用要求。为了提高车轮的承载能力，车轮踏面要进行热处理，踏面和轮缘内侧面的硬度达到HB320；最小淬硬层深度为20mm。

表1　　设计参数表

车轮直径/mm	轨道型号	轴承型号	车轮材料	许用轮压/t		
				M1～M3	M4～M6	M7、M8
400	P43	3620	65Mn	24.6	22.6	19.4

（4）轮轴的计算。

受力分析：轮轴的受力形式为剪切、弯曲受力，且轮轴孔同时承受挤压应力。

1）轮轴的弯曲应力：

$$\sigma=\frac{P(4a+l)}{0.785d^3}\leqslant[\sigma]$$

$$=\frac{162.6\times10^3\times(4\times24+139)}{0.785\times100^3}$$

$$=48.676(\text{MPa})\leqslant[\sigma]$$

2）轮轴的剪应力：

$$\tau=\frac{Q}{A}=\frac{K\cdot Q/2}{\pi d^2/4}=\frac{2KQ}{\pi d^2}\leqslant[\tau]$$

式中　K——动力系数，取1.1；

$[\tau]$——许用剪应力，$[\tau]=\frac{0.6\sigma_s}{2.5}$。

则　$$\tau=\frac{2\times1.1\times162.6\times10^3}{3.14\times100^2}=11.392(\text{MPa})\leqslant[\tau]$$

为增大轮轴的安全系数，采用45号钢制作成$\phi100$mm的轮轴，轴套材料采用复合材料HWS，由于轮轴与轴套在运行过程中相互挤压，互相挤压时的材料不同，应按许用挤压应力低的材料进行挤压强度计算。

3）轮轴的挤压应力：

$$\sigma_{jy}=\frac{P_{jy}}{A_{jy}}\leqslant[\sigma_{jy}]=\frac{162.6\times10^3}{139\times100}=11.70\ (\text{MPa})$$

（5）轮轴支撑板计算。

分析：轮轴支撑板的选型，应针对最大静轮压设计。

1）抗压强度验算：

$$\sigma=\frac{N}{A}=\frac{KQ}{2(b-d)\delta}=\frac{1.1\times162.6\times10^3}{2\times(500-101)\times24}$$

$$=9.339\ (\text{MPa})$$

2）支撑板孔的平均挤压应力：

$$\sigma_{jy}=\frac{P_j}{A_j}=\frac{KQ}{2d\delta}\leqslant[\sigma_j]=\frac{1.1\times162.6\times10^3}{2\times101\times24}$$

$$=36.894\ (\text{MPa})$$

（6）行走轮与底横梁连接螺栓选型。

受力分析：经计算得知最大动轮压为162.6kN，铆接部分的钢板与螺栓的破坏形式有三种：①螺栓沿其横截面被剪段；②螺栓与螺栓孔的接触面上发生挤压破坏；③钢板最弱的截面处被拉段。

1）现针对所选螺栓M30×90－50进行剪切强度校核：

$$\tau=\frac{Q}{A}=\frac{KP/6}{\pi d^2/4}=\frac{1.1\times162.6\times10^3/6}{3.14\times30^2/4}$$

$$=42.194(\text{MPa})\leqslant[\tau]=0.6[\sigma_l]$$

2）螺杆及钢板挤压强度校核：

$$\sigma_{jy} = \frac{P_{jy}}{A_{jy}} = \frac{P/6}{dt} = \frac{162.6 \times 10^3/6}{30 \times 20}$$

$$= 45.167(\mathrm{MPa}) \leqslant 0.9[\sigma_l]$$

3）钢板最弱截面抗拉强度校核：

$$\sigma = \frac{N}{A} = \frac{162.6 \times 10^3}{(500-65)\times 20} = 18.690\,(\mathrm{MPa})$$

3 门形工装架具体实施方式

3.1 工装架结构型式

主要由七大部分构成：①上部结构；②下部结构；③承重立柱及支撑；④运行机构；⑤起升系统；⑥牵引系统；⑦平移轨道及辅助配套工具等（图 2）。

门形工装架上部结构主要由主吊梁（I36a 箱形工字梁上下翼板焊接 10mm 厚度钢板）、斜撑（18 号工字钢）和顶横梁（Ⅰ18 箱形工字梁）构成；下部结构主要由底横梁（20 号槽钢制作的箱形梁）、斜撑（18 号工字钢）构成；承重立柱（ϕ273；δ＝8mm）及支撑（18 号工字钢）；运行机构主要由 ϕ400 双轮缘钢轮及支撑结构和高强螺栓构成；起升系统主要由 2 台 5t 卷扬机（钢丝绳 ϕ22）和 2 套 32t 起升滑轮组构成；牵引系统主要由 2 台 3t 卷扬机（钢丝绳 ϕ16）和 2 套 5t 滑轮组构成；平移轨道为 P_{43}轻轨。

3.2 工装架工作方式

闸门运输车驶入门形工装架轨道范围内（即闸门卸车区域），闸门由汽车吊卸车，如图 1 所示。

工装架经起升系统将闸门垂直起吊悬空，然后对闸门进行可靠固定并做好相关安全准备工作后，由牵引系统牵引至安装位置，拖运各节门叶到孔口上方进行安装、下闸。在牵引过程中尽量降低门叶的启升高度，离轨道布置地面距离高度越 200mm；行走应缓慢且平稳。

依此类推，通过以上操作步骤，直至通过门形工装架将所有闸门群全部安装完成。

4 结语

门形工装架是一种采用型钢、运行机构和起升机构共同构成的简易起重运输设备，制作成本低、使用简便。南充小龙门电站尾水闸门群安装中因受现场条件限制，设计、制作了门形工装架进行闸门的卸车、搬运和吊装，通过科学、合理地分析计算，确保了方案的安全性及可行性。具体施工中，多工种协同作业，安全、经济、高效地完成了闸门群安装任务，取得了良好的经济效益。

两河口大坝掺砾土料掺配参数敏感性分析与控制措施

熊　亮　杨金平/中国水利水电第五工程局有限公司

【摘　要】目前国内大型超高心墙坝宽级配掺砾土料通常采用“平铺立采”工艺生产，掺配成品砾石土料的质量和经济性是重点关注的两个方面。砾石土料掺配质量控制，先通过试验确定掺配参数，根据掺配比例计算土石料的铺填层厚，再通过控制铺填层厚和掺配次数达到级配要求。本文通过对宽级配掺砾土料“平铺立采”的掺配参数及其敏感性分析，提出经济合理的掺配参数及技术措施。

【关键词】掺砾土料　平铺立采　敏感性分析　技术控制措施

1　概述

两河口水电站位于四川省甘孜州雅江县境内的雅砻江干流上，坝址位于雅砻江干流与支流鲜水河的汇合口下游约2km河段。挡水建筑物为砾石土心墙堆石坝，最大坝高295m，坝体分为防渗体、反滤层、过渡层和坝壳四大区。大坝心墙砾石土设计填筑量441.14万m^3，接触黏土17.96万m^3。

砾石土料分别由上游亚中料场、苹果园料场、瓜里料场、普巴绒料场及下游西地料场供应。砾石土料除亚中B、C区直接开采上坝外，其他区域的土料需按要求比例掺砾后上坝。掺配用砾石由骨料系统生产。需加工的砾石土由土石按照6∶4、7∶3（质量比）通过“平铺立采”工艺掺配加工生产。本文针对亚中料场A区6∶4（质量比）“平铺立采”掺配工艺进行研究分析，并提出经济合理的掺配工艺过程控制参数及技术措施。

2　主要技术指标要求

掺配工艺过程主要是级配调整的过程，将级配作为掺配料质量控制的主要技术指标。

2.1　掺配成品料技术指标要求

砾石土心墙料粒径、颗粒级配设计要求指标为：填筑料最大粒径不大于150mm，粒径大于5mm的颗粒含量不超过50%、不低于30%，小于0.075mm的颗粒含量应大于15%，小于0.005mm的颗粒含量应大于8%。

2.2　土料技术指标要求

掺配用土料粒径、颗粒级配设计要求指标为（仅针对掺配质量比6∶4）：掺配用土料最大粒径不大于150mm，粒径大于5mm的颗粒含量不超过30%（考虑立面混合），小于0.075mm的颗粒含量应大于30%，小于0.005mm的颗粒含量应大于15%。

2.3　掺砾料技术指标要求

掺砾料粒径、颗粒级配设计要求指标为：最大粒径不超过150mm，超过100mm颗粒含量不超过5%；小于5mm颗粒含量不超过3%。掺砾料颗粒级配要求见表1。

表 1 掺砾料级配组成

样品编号	颗粒级配组成（颗粒粒径/mm）					
	100%～60%	60%～40%	40%～20%	20%～10%	10%～5%	<5%
上包线	0.0	8.0	52.0	24.0	13.0	3.0
平均线	12.5	16.5	41.0	18.0	10.5	1.5
下包线	25.0	25.0	30.0	12.0	8.0	0.0

3 掺配工艺及指标波动性分析

3.1 土料、掺砾料实际铺料密度检测

土料、掺砾料分层铺筑过程中对铺筑料进行现场干密度检测，以此为依据并结合 6：4（质量比）的掺配比例计算土料、掺砾料的铺料厚度。现场铺料密度检测成果见表 2。

表 2 铺料密度检测成果

铺料名称	实测干密度/(g/cm³)		
	最大值	最小值	平均值
土料	1.72	1.65	1.68
掺砾料	1.90	1.83	1.86

3.2 掺配工艺设计及试验

3.2.1 掺配工艺设计

掺配工艺设计步骤如下：

(1) 通过试验检测实际土料、掺砾料等铺料干密度。

(2) 根据实测干密度，按设计掺配比例（6：4）计算土、石料铺料理论厚度。结合工程经验固定掺砾料铺料厚度 50cm，土料铺料厚度根据公式：$H_{土}=(6\rho_{石}0.5)/(4\rho_{土})$ 计算确定。经计算土料铺料厚度为 83cm，现场铺料为互层铺设。

(3) 通过工艺试验确定掺配施工参数。

3.2.2 掺配试验

掺配试验过程密切结合施工工艺进行。

料源检测：土料、掺砾料挖装前试验人员对料源进行检测，检测项目包括颗粒级配、含水率（200～500m³/组或每天 1～2 组）。

掺配料装运：土料、掺砾料用 20t 自卸汽车装运至掺配场，土料用反铲挖掘机按 3～5m 高度立采混合装车。

掺配料铺筑：掺配料铺筑按先粗后细进行，即先铺砾料、后铺土料，掺砾料铺筑采用进占法，土料铺筑采用后退法，铺料过程中对厚度跟踪控制。

铺筑工序中指标检测：土料、掺砾料分层铺筑过程中按照 200～500m²/组或每层不低于 5 组检测铺筑料的现场干密度及含水率，复核掺配比例的合理性。

现场掺配与试验取样：用正铲、反铲挖掘机掺配，掺配方式为原地掺配、倒运掺配，掺配 1～3 遍。对不同掺配设备、方式及掺配遍数下进行 5 组颗粒级配及含水率检测试验。

参数确定：分析不同掺配参数组合下的试验检测成果，确定砾石土料掺配的施工参数。

3.3 指标波动分析及掺配遍数优选

对不同掺配参数组合下的试验检测情况进行指标波动分析，其成果见表 3 及图 1、图 2。

表 3 不同掺配参数组合下指标检测成果

掺配遍数	正铲				反铲			
	原地掺配		倒运掺配		原地掺配		倒运掺配	
	P_5含量/%	粉粒含量/%	P_5含量/%	粉粒含量/%	P_5含量/%	粉粒含量/%	P_5含量/%	粉粒含量/%
1遍	34.5	45.4	53.4	31.1	46.7	34.3	49.7	33.4
	35.2	46.0	57.3	27.4	29.6	49.0	55.6	28.8
	22.5	54.9	64.3	22.5	45.4	36.2	47.6	34.5
	16.9	57.2	52.1	29.9	42.3	40.3	36.4	39.5
	43.1	37.5	39.7	38.5	34.4	46.4	38.6	35.3
2遍	41.7	38.7	47.2	34	20.5	55.1	34.4	46.4
	45.8	35.7	40.7	25.1	45.8	36.2	41.6	40.3
	35.0	42.6	45.7	35.7	29.2	50.2	45.1	36.0
	41.2	36.9	49.3	33.3	33.9	44.1	44.7	36.5
	42.2	37.2	49.4	32.9	38.3	42.3	36.3	43.9

续表

掺配遍数	正铲				反铲			
	原地掺配		倒运掺配		原地掺配		倒运掺配	
	P_5含量/%	粉粒含量/%	P_5含量/%	粉粒含量/%	P_5含量/%	粉粒含量/%	P_5含量/%	粉粒含量/%
3遍	40.2	43.1	41.7	41.3	40.4	41.0	42.0	42.2
	41.9	39.5	45.3	40.4	41.2	41.0	41.6	39.8
	38.3	42.8	40.1	42.3	43.5	39.6	42.5	41.5
	40.4	42.8	39.8	39.8	42.2	39.7	41.5	41.4
	41.3	37.6	42.2	41.5	39.7	43.8	39.2	40.5

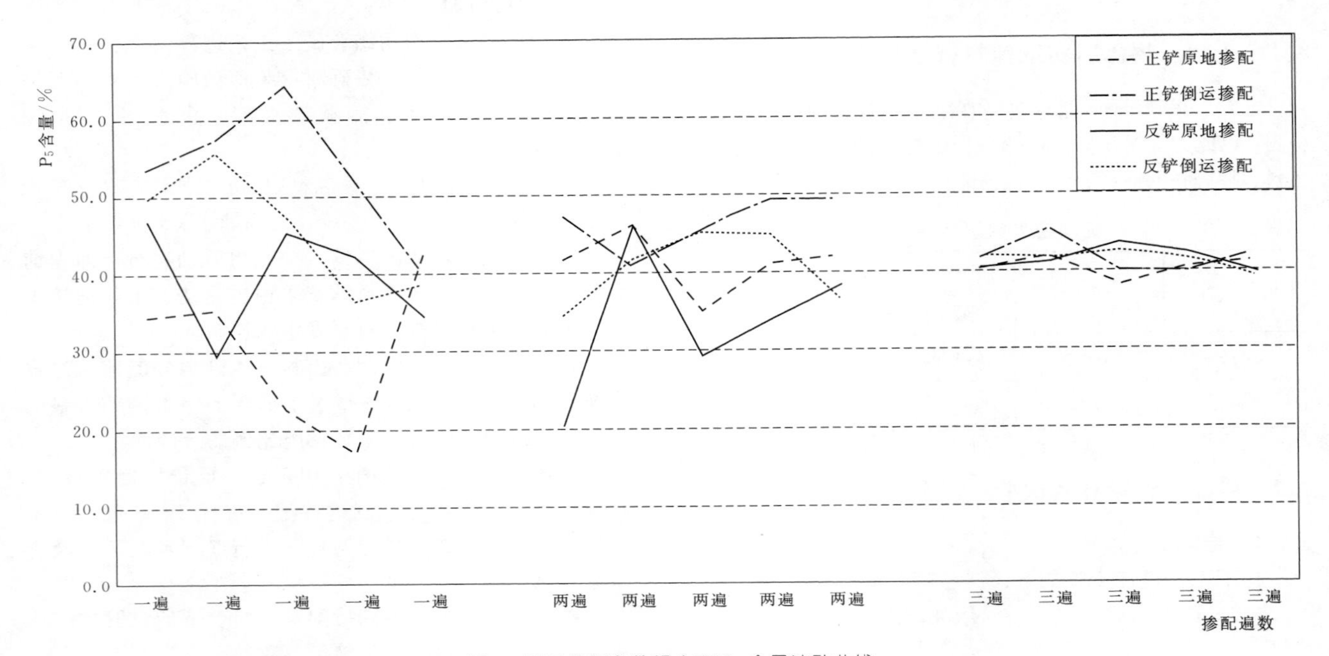

图1　不同掺配参数组合下 P_5 含量波动曲线

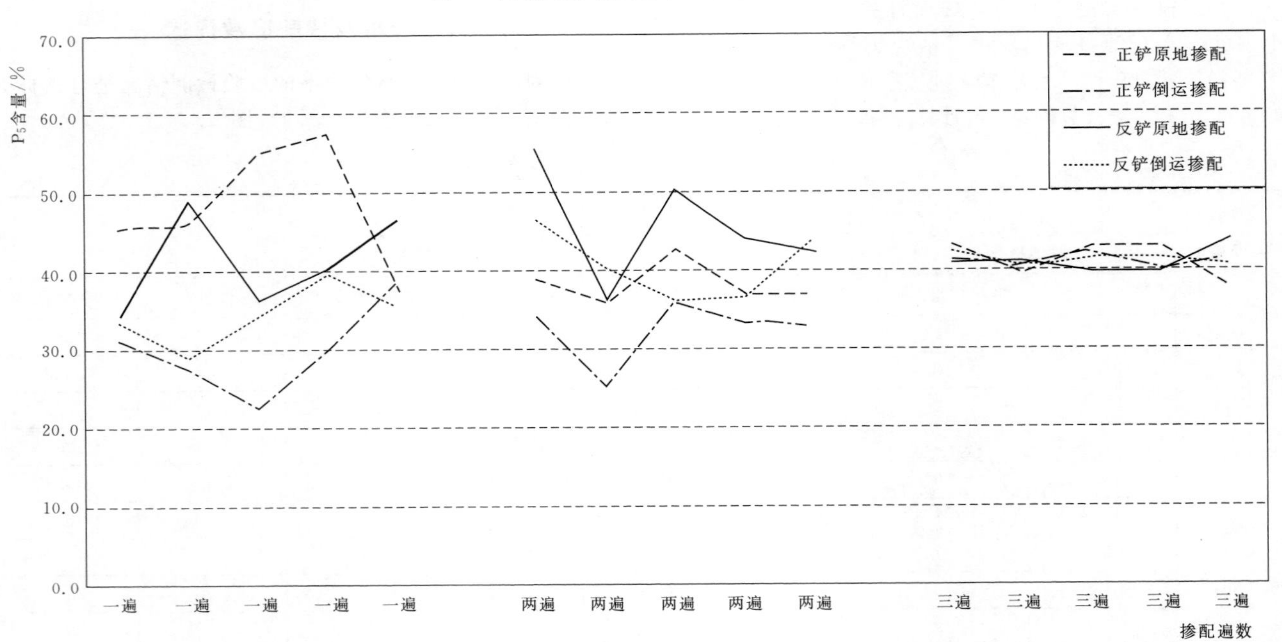

图2　不同掺配参数组合下粉粒含量波动曲线

从指标波动性分析可见：掺配设备、方式对掺配料均匀性影响不大，掺配料均匀性与掺配遍数关系极为密切，掺配3遍后各指标波动趋于稳定，3遍是经济合理的掺配遍数。

3.4 施工工艺及参数

通过掺配工艺试验，确定了亚中土料场A区土料的施工工艺和参数：①“平铺立采”掺配工艺；②以正铲掺配为主，反铲作为特殊情况下的补强设备；③固定掺砾料铺料厚度50cm、土料铺料厚度83cm。如料场土料料源发生变化，铺料厚度需复核与调整；④掺配遍数固定为3遍，同一斗料抛落1次即掺配一遍；⑤采用倒运掺配方式。

4 敏感性分析及技术改进措施

4.1 质量影响因素分析

掺配工艺质量主要影响因素为：铺料密度、铺料厚度。

当施工工艺确定，施工设备相对固定的情况下，铺料干密度相对偏差较小，影响质量因素重点是铺料厚度。

结合试验中实际铺料厚度偏差（土料厚度波动−18.96%～+10.72%，掺砾料厚度波动−17.8%～+15.6%）及施工中可能发生铺料厚度偏差组合，进行P_5敏感性分析，成果见表4、表5及图3。

表4　土料、掺砾料铺料厚度变化与P_5敏感性分析成果

厚度 P_5/%		掺砾料厚度偏差/%							
		−20	−15	−10	−5	+5	+10	+15	+20
土料密度偏差/%	−20	42.96	44.42	45.81	47.14	49.63	50.80	51.92	53.00
	−15	41.53	42.96	44.34	45.65	48.12	49.28	50.40	51.47
	−10	40.20	41.61	42.96	44.26	46.70	47.85	48.96	50.03
	−5	38.96	40.35	41.68	42.96	45.38	46.52	47.62	48.67
	+5	36.73	38.07	39.36	40.61	42.96	44.08	45.16	46.20
	+10	35.72	37.04	38.31	39.54	41.86	42.96	44.03	45.06
	+15	34.77	36.07	37.32	38.53	40.82	41.91	42.96	43.98
	+20	33.88	35.15	36.38	37.57	39.84	40.91	41.95	42.96

注　表中土料平均P_5含量按4.94%、掺砾料小于5mm含量按0计算。

表5　土料、掺砾料铺料厚度变化与P_5关系

铺料厚度偏差		P_5含量/%
土料/%	掺砾料/%	
−20	+10	>50
−15	+15	>50
−10	+20	>50
<±10	<±10	满足要求

成果分析表明：土料、掺砾料铺料厚度偏差应控制在±10%以内。

铺料厚度对P_5含量关系敏感性分析如下：

（1）现有施工水平工况下，会出现P_5含量超过50%的现象，如果控制掺砾料和土料铺料厚度的偏差在±10%内，可保证掺配后砾石土料P_5含量为30%～50%。

（2）根据分析结果对照行业规范及设计要求（土料铺料厚度允许误差±10%、掺砾料铺料厚度允许误差±10%），P_5含量满足要求。两河口工程土料厚度和掺砾料厚度均控制在±10%以内，P_5满足设计要求，则可保证施工质量。

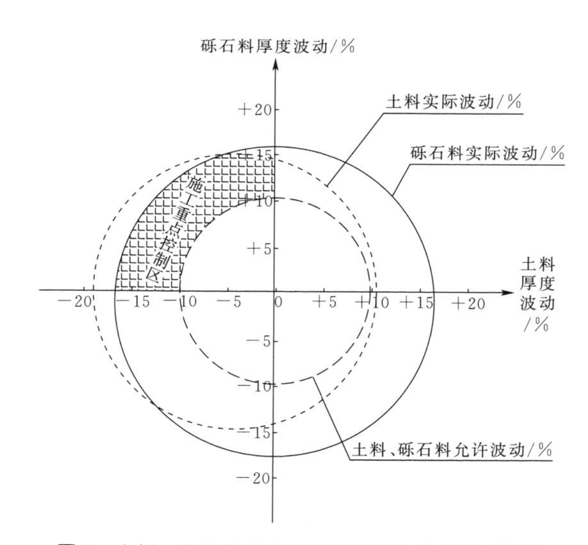

图3　土料、掺砾料铺料厚度变化与P_5敏感性成果图

4.2 技术改进措施

由于施工控制水平存在差异，易出现P_5不合格的样品，需要加强控制，主要措施如下：

（1）在施工工艺设备相对固定的情况下，土料增加

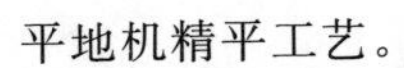

平地机精平工艺。

（2）利用GPS数值化大坝控制系统进行层厚控制。

（3）利用测量网格（2～5m间距）进行层厚控制。

5 结语

两河口大坝掺砾土料掺配实践经验表明：

（1）掺配设备、掺配方式对掺配料均匀性影响不大，掺配料均匀性与掺配遍数关系极为密切，掺配经济合理的遍数为3遍。

（2）现有掺配工艺水平下，控制土料铺料厚度在－18.96％～＋10.72％、掺砾料铺料厚度在－17.8％～＋15.6％，掺配后易出现P_5含量大于50％的情况，不满足设计要求。按规范及设计要求控制土料、掺砾料铺料厚度误差在±10％内，能满足P_5含量为30％～50％的要求。

（3）在现有施工控制水平下，应加强掺配料铺料层厚控制，采取更先进的技术和施工工艺控制掺配铺料层厚偏差，以满足规范和设计的要求。

单掺黏土塑性混凝土试验研究

陈春晓　王日凤/中国水利水电第三工程局有限公司

【摘　要】将黏土代替膨润土单掺入塑性混凝土中，并对黏土掺入方法、混凝土配合比、物理力学和耐久性能等进行试验研究。结果表明黏土作为塑性混凝土基本组分材料，配制的塑性混凝土和易性好、可自流平、低弹模、抗渗能力强。黏土资源丰富，只要合理地设计配合比，可较大幅度地减少水泥用量，降低工程造价，在防渗墙塑性混凝土的应用中具有很大的优越性。

【关键词】塑性混凝土　黏土　配合比　渗透系数　弹性模量

塑性混凝土是一种以膨润土、黏土等掺和料取代普通混凝土中部分水泥而形成的防渗墙材料，它具有低强度、低弹模和大应变、防渗性能好等特性，在水利工程的围堰防渗中应用较多。黏土是一种常用材料，分布于全国各地，资源丰富，如能很好地利用会给工程带来好的经济效益。本文阐述对单掺黏土的塑性混凝土进行试验研究的情况。

1　配制塑性混凝土的黏土性能

围堰防渗墙塑性混凝土对黏土的要求是：黏粒含量大于45%、塑性指数大于20、含砂量小于5%、二氧化硅与三氧化二铝含量的比值为3～4。试验采用四川省金口河区当地开采的黏土，对其进行了检测。从表1和表2可见，所选黏土性能满足设计要求。

表1　黏土物理性能检测结果

检测项目	密度 /(g/cm³)	液塑限			颗粒组成/%					
		W_L/%	W_P/%	I_P	0.5～0.25	0.25～0.1	0.1～0.075	0.075～0.05	0.05～0.005	<0.005
检测结果	2.71	46.0	25.5	20.5	0.70	0.90	1.75	2.35	48.80	45.5

表2　黏土化学性能检测结果

检测项目	分析指标/%					SiO_2与Al_2O_3含量的比值
	SiO_2	Fe_2O_3	Al_2O_3	CaO	MgO	
检测结果	52.74	7.45	16.58	3.12	1.93	3.18

2　黏土配制塑性混凝土掺入方法试验研究

黏土开采后的原料中含有石子及其他物质，需对其进行处理，使其满足塑性混凝土对黏土的技术要求。结合现场条件及混凝土拌制工艺，采用干掺法和泥浆法进行试验。

干掺法：将黏土风干后碾成粉状，先后用5mm、2mm、0.5mm筛子筛出粉状颗粒，掺拌均匀形成土粉，并按比例掺入混凝土材料中进行试验。此法能准确地掌握黏土用量，但从开采出的黏土原料到成品黏土粉，过程复杂、工效低、成本较高，在实际施工中很难操作。

泥浆法：在槽孔护壁泥浆的制备方法基础上加以改进，即先剔除湿黏土中的石子，并检测其天然含水率。根据含水率计算湿黏土重量，在泥浆池中加水搅拌成浆，再将配好的泥浆用孔径2.5mm筛过滤，并掺入少量纯碱，确保浆液均匀不分散。搅拌均匀后，检测浆液初始密度、漏斗黏度及含沙量，静置24h后再检测这3项指标。经反复试验，最终确定浆液配合比为水：黏土：纯碱=1：0.75：0.025（黏土为根据含水量换成的干土质量），浆液密度宜控制在（1.4±0.1)g/cm³，漏斗黏度宜控制在35s±5s，含沙量宜控制在5%以内。

泥浆法过程较简单，工效较高，经济适用，泥浆中加入纯碱，有效地增加了泥浆性能的稳定性。

3 黏土配制塑性混凝土的配合比设计试验研究

与普通混凝土不同，对塑性混凝土的要求是：强度低，抗渗能力高，弹性模量低。要求其拌和物的流动性和黏聚性能好、不易离析、能自流平、自密实、坍落度损失小。因此，要设计好塑性混凝土的配合比。

结合以往塑性混凝土配合比设计经验和现场情况，根据DL/T 5330《水工混凝土配合比设计规程》及DL/5199《水电水利工程混凝土防渗墙施工规范》要求进行试配试验。试验结果见表3。

通过配合比试验可见，单掺黏土塑性混凝土配合比与普通混凝土相比有很大的不同：

（1）砂率很大。增大砂率可有效降低混凝土的弹性模量，但会造成混凝土单位用水量的增加，在水灰比一定的情况下，使混凝土强度有所降低，达到低强度要求。

（2）水灰比较大，水泥用量较低。塑性混凝土对强度要求较低，一般为2～5MPa，而通过内掺一定量黏土，有效地降低了水泥和粉煤灰的用量，较为经济。低强度、低弹模且具有柔韧性等特点与砂率、黏土掺量、用水量及水灰比等有直接关系。

（3）黏土掺入宜控制在胶材总量的15%～20%。随黏土用量的增加，塑性混凝土的强度和弹性模量都逐渐降低。

（4）应掺入一定的高效减水剂。一方面可改善混凝土的和易性，增强混凝土的耐久性能；另一方面可减少胶凝材料用量，达到经济性。

4 黏土配制塑性混凝土的性能试验

黏土塑性混凝土拌和物的性能试验与普通混凝土相关试验方法一致。但由于其弹模较低，且渗透系数较小，常规试验方法很难精准地检测其性能指标。通过对传统试验方法的改进后，取到了较好的试验效果。

表3 配合比试验成果表

试验编号	水胶比	砂率/%	粉煤灰掺量/%	黏土掺量/%	减水剂掺量/%	用水量/(kg/m³)	坍落度/mm	落扩展度/mm	28天抗压强度/MPa	28天抗折强度/MPa	28天抗拉强度/MPa	28天弹模/MPa	渗透系数/(cm/s)
1	0.60	73	25	20	0.8	260	217	435	8.6	1.8	0.75	1820	1.16×10^{-7}
2	0.60	75	25	20	0.8	260	208	420	6.9	1.6	0.57	1744	0.98×10^{-7}
3	0.60	77	25	20	0.8	260	196	385	5.5	1.3	0.39	1714	0.89×10^{-7}
4	0.60	75	25	10	0.8	260	211	400	9.0	2.1	0.84	2019	1.09×10^{-7}
5	0.60	75	25	30	0.8	270	194	385	5.8	1.8	0.56	1869	0.87×10^{-7}
6	0.65	75	25	20	0.8	255	207	389	5.3	1.6	0.41	1796	0.93×10^{-7}
7	0.55	75	25	20	0.8	280	193	388	9.4	2.7	0.50	2890	0.88×10^{-7}

注 混凝土配合比设计试验时，实测黏土泥浆密度1.42g/cm³，骨料采用人工砂及5～20mm碎石，配合比计算采用假定密度法，密度取2200kg/m³。

4.1 静力抗压弹性模量试验方法

进行了不同加荷速率情况下抗压弹模试验、全标距与标准标距的抗压弹模对比试验。试验结果表明：

（1）优先选用150mm×150mm×300mm的棱柱体试件，也可采用ϕ150×300mm的圆柱体试件。

（2）加荷速率在0.05～0.3MPa/s之间、塑性混凝土强度在2～8MPa时，加荷速率对混凝土的强度、弹性模量影响较小。

（3）塑性混凝土的轴压强度及弹模较低，在轴向抗压过程中，其纵向的压应变受横向的拉应变影响太大，且塑性混凝土的坍落度较大，试件内部均匀性相对较差，采用150mm测量标距时的静力抗压弹性模量值与工程实际值相差较大，全标距和标准标距的弹性模量结果有较大的差别（差5倍左右）。塑性混凝土一般采用全标距的方法测量弹模。在试件两端放置两块厚100mm、边长200mm的正方形钢板，钢板中心与试件中对齐，采用两对磁力表座和千分表或引伸计测量在不同压应力下整个试件的变形，采用微机伺服恒加载试验机效果更佳。

（4）规范要求最大预压应力约为试件破坏强度的20%，且不超过0.5MPa，对最终试验结果不会产生影响，且预压主要考虑试件对中，从而降低两个应变计量之间的误差，保证试验结果准确性。塑性混凝土抗压强度较低，宜以0.01～0.02MPa/s速率缓慢均匀施加压力进行预压，预压时应严格控制好加荷速率和预压压力。

（5）塑性混凝土性质与普通混凝土不同，其抗压过程曲线与普通混凝土有差异。塑性混凝土在弹性变形前有较长一段塑性变形过程，0.5MPa对应的点在塑性变形阶段，按照DL/T 5150《水工混凝土试验规程》采用0.5MPa和40%破坏应力两点计算弹性模量与采用变形曲线上直线段斜率计算的结果相差较大。分析塑性混凝土整个变形过程，弹性阶段基本在破坏应力的20%～40%范围，因此，试验采用破坏应力的20%与40%两点计算塑性混凝土弹性模量值，为准确确定两个破坏应力点所对应变值，应采用计算机绘制出试验过程中至少6个点的应力-应变变形曲线，通过作图法准确计算出弹模值。

4.2 渗透系数试验方法

目前，我国对混凝土抗渗性能评定的指标采用抗渗等级，此方法虽简单直观，但由于塑性混凝土的抗渗性要远低于普通混凝土，如果对塑性混凝土也采用抗渗等级评定指标，则抗渗等级不能准确地反映塑性混凝土的实际抗渗能力。所以本文在DL/T 5150《水工混凝土试验规程》中4.22混凝土相对抗渗性方法的基础上，结合土工渗透系数试验方法，总结出一种既简单易行，又比较准确反映材料性能的测试方法。即根据设计要求的水力坡降，计算试验时的水压力，将抗渗仪试验水压力一次加到计算的水压力，直至试件出现渗水。用中性滤纸或吸水性能良好的材料将渗水吸干，同时开始记录时间（精确至分）。根据渗水量准备足够的中性滤纸，称重，然后将中性滤纸覆盖在渗水试件表面，盖上玻璃板，间隔1～2h取出中性滤纸，称重，前后两次质量差即为该时段的渗水量。记录连续6个时段的渗水量，该试件试验即可停止，根据混凝土相对渗透系数公式计算出渗透系数。

5 结语

（1）通过合理的混凝土配合比设计，黏土可替代膨润土应用在塑性混凝土中。

（2）黏土的掺入宜采用泥浆法。应用中要加强对泥浆性能的检测，严格按配合比施工，并扣除泥浆中的水量，以确保黏土的精确掺入。

（3）单掺黏土塑性混凝土配合比与普通混凝土相比主要的不同点为：砂率很大，一般在60%以上；水灰比较大，胶材用量较低；需掺入一定比例的高效减水剂。

（4）对传统的试验方法进行了改进，使黏土塑性混凝土拌和物的性能试验取到了较好的效果。

（5）文中介绍的塑性混凝土弹模和渗透系数试验方法为经验总结，仅供参考。

水囊容积仪在现场检测土料密度中的应用

周　栓　黄蕾蕾/中国水利水电第五工程局有限公司

【摘　要】水囊容积仪法现场密度检测在欧洲及非洲地区应用多年，也有相关的规程规范和操作流程，但这在国内检测领域却是一项新的检测方法。水囊容积仪法操作简单、耗材较少、精度可靠，其检测工艺和方法相比传统检测方法有创新和突破。本文主要阐述水囊容积仪在现场检测土料密度中的应用。

【关键词】水囊容积仪　检测工艺　土料密度

1　常规检测方法简介

目前，大坝或公路填筑细颗粒土石料（20mm 以下）的现场密度检测方法，主要有灌砂法、环刀法及核子密度仪法。

1.1　灌砂法

灌砂法原理：在需要检测的土料面上挖好试坑，灌入密度较均匀的砂子，根据灌入砂子的质量和密度换算出试坑的体积，然后根据挖出土料的质量和试坑体积求得土料密度。

缺点：砂子的质量要求较高，需定期对砂子进行密度校正；储存时需考虑防潮，避免砂子潮湿而导致试验误差；不可重复或部分重复使用，对砂子需求量较大。

1.2　环刀法

环刀法原理：将环刀放置在需要检测的土料表面，用重锤击入，取出环刀，两端削平，环刀内的体积已知，称出环刀内土料质量，即可得到土料密度。

缺点：环刀击入和取出时，易因外力作用不平衡对土料挤压破坏而产生误差；土料含砾石时，环刀过小易造成击入困难，环刀过大需用大的外力，易造成扰动，影响原位密度。

1.3　核子密度仪法

核子密度仪法原理：利用核子密度仪在需要检测的土层进行射线放射测试，通过在土层的衰变，计算得出所检测材料的密度。

缺点：检测过程总有放射性元素，需要佩戴相关的防辐射服等，对人体健康有一定伤害；土料中含有砾石时，测量结果不准确，误差较大。

以上三种常规检测方法中，第一种是用砂子作为媒介，计算试坑体积，就会增加一项重要的误差源；第二种是用外力击入环刀，取得与环刀内等体积的土料，外力作用误差较大；第三种是使用放射性元素，目前已逐渐被淘汰。

2　水囊容积仪简介

2.1　仪器结构

水囊容积仪主要包括仪器顶部的水压力表、仪器储水腔体和体积读数、仪器下部底盘和水囊等几个部分，如图 1、图 2 所示。

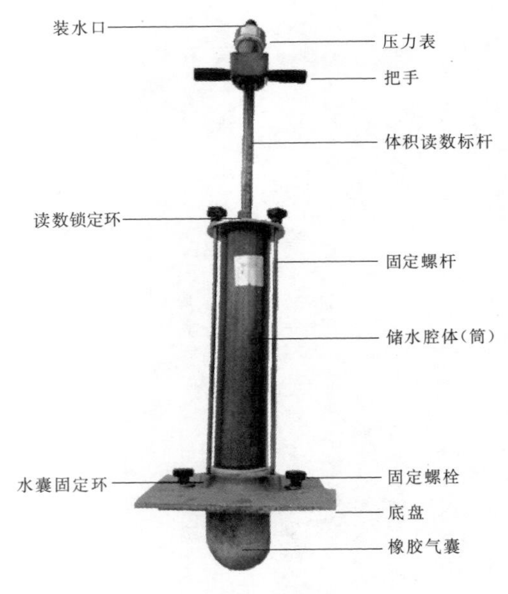

图 1　水囊容积仪外观结构

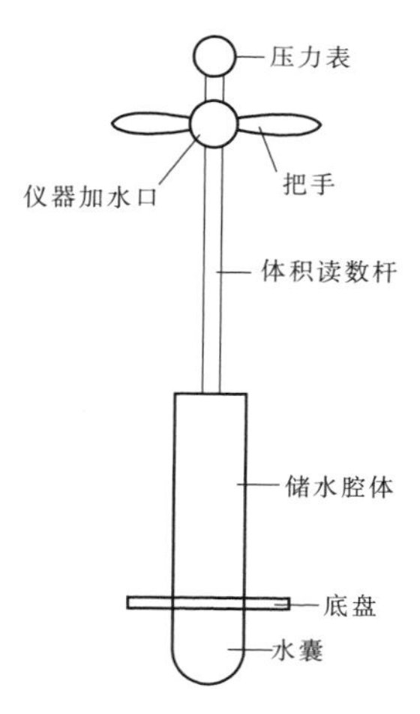

图2 水囊容积仪结构示意图

2.2 操作原理

水囊容积仪的工作原理类似于灌砂法，只不过是用水替代砂子，水压力表和水囊可减少检测的误差。通过加压使储水腔体里的水注入橡胶水囊，使其体积变大，逐渐填满试坑，再继续施加一定压力，使橡胶水囊进一步变形，充分填满试坑坑壁不平处，使体积误差减小。测量完成后，只需抽出连杆，水自动回到储水腔体中，不外漏，不需另外加水，可重复无限次使用，简单方便。操作示意如图3所示。

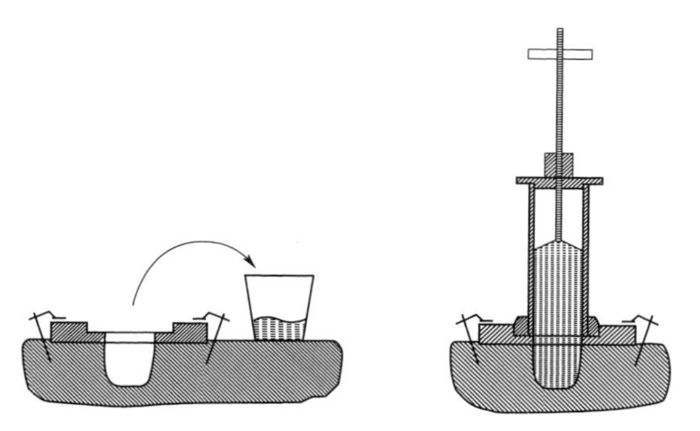

图3 水囊容积仪操作示意图

2.3 参考规范标准

水囊容积仪法的参考规范标准为法国标准NF P94-061-2《现场密度检测——灌水法》。

3 误差分析对比

3.1 误差来源分析

从仪器结构及操作方法分析，在理论上水囊容积仪法检测产生误差的因素有试坑内壁光滑程度和水囊材料。这是两种理论误差源，实际上对试坑内壁光滑程度的要求并不很高，因为具有高弹性的橡胶水囊极易形变，操作时当压力达到0.5MPa，橡胶水囊产生的变形能完全紧贴试坑内壁，使体积测量误差大幅减少。

使用中发现另一个误差源：水囊容积仪是用4根钢钎顶入土体内加以固定的。在把水推入水囊填充试坑过程中，需用外力向下加压，如钢钎固定得不够紧，会造成水囊容积仪轻微上浮，使底盘稍离地面，造成体积测量误差。不过这个误差通过规范的操作和相关措施可最大限度减少。

3.2 与传统检测方法的误差源对比

与灌砂法相比，水囊容积仪减少了中介的介质，即砂子。因此不存在砂子密度、含水率、人为操作（主要是落砂的高度）等环节的误差。水囊容积仪使用的是水，且可直接读取体积，故水的温度、相对密度、杂质等因素的误差很小，可以忽略不计。

与环刀法相比，水囊容积仪是在地面上试坑挖好后进行的体积测量，不存在环刀使用时外力作用对所检测对象的密度扰动。

4 现场试验对比

水囊容积仪法检测现场密度在苏布雷项目得到了全面运用，并进行了大量对比试验和研究论证。对比试验是在某一层材料填筑完成后，选取一小区域进行。因为选取面积较小，土料来源相对来说较均匀，经过碾压后的密度基本相同。选定区域后，用水囊容积仪进行2个试坑的密度取样，然后在尽可能近的地方（基本是同部位）用灌砂法进行2个试坑的密度取样。2014年11月28日至2015年4月3日，在苏布雷工程现场分别用水囊容积仪法和灌砂法测得各32组湿密度值。同部位两个试坑密度的差值比较如图4所示。

两种检测方法测得的各32组数据分析表明：

（1）同部位的密度检测结果差值均小于0.051g/cm^3，符合标准规定，表明两种检测方法均是可行的。

（2）从水囊容积仪法的检测结果看，相同部位的两组检测结果差值范围较小，最小值0.001g/cm^3，最大值0.031g/cm^3，且32组试验数据来看，差值均较小。

（3）从灌砂法的检测结果看，相同部位的两组检测结果差值范围相对较大，最小值0.010g/cm^3，最大值0.051g/cm^3，且32组试验数据来看，差值普遍比水囊容积仪法要大。

由此可得出以下结论：对于同一部位的土样，用水囊容积仪检测的两组结果较接近，用灌砂法检测的两组结果相差较大。也就是说，对于同一种土料进行密度检测，用水囊容积仪检测得到的结果较集中，偏差较小；而用灌砂法检测得到的结果较离散（图4），偏差较大；水囊容积仪检测结果精度比灌砂法检测结果精度高。

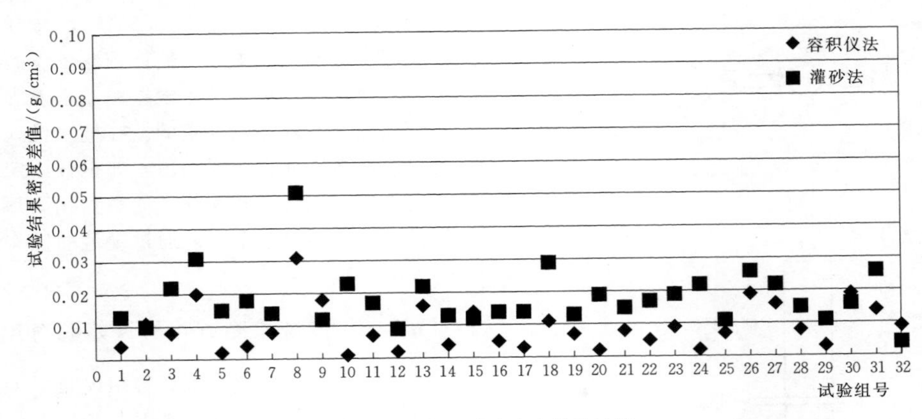

图 4　同部位两个试坑密度差值比较

5　结语

大量实践和对比试验分析说明：虽灌砂法检测比较成熟，但对砂子质量要求高，且消耗大。水囊容积仪检测使用水，不需额外的成本，也不要严格的密度校正，从原材料上就减少了误差来源，且检测的精度也较高。因此，水囊容积仪在现场土料密度检测中有了更大的用武之地。

泡沫轻质土的试验检测与质量控制

李云鹏/中国水利水电第十三工程局有限公司

【摘　要】 泡沫轻质土的主要特点是表观密度比一般的土体小，而强度和变形特性可以达到甚至超过良好土体。这种通过水泥浆与发泡泡沫搅拌形成的泡沫轻质土，具有良好的流动性、水硬性、可施工性及经济性。本文根据烟台金山湾生态城改造道路施工经验，阐述现场泡沫轻质土的检测和施工质量的控制。

【关键词】 泡沫　轻质土　试验　质量控制

泡沫轻质土是用物理方法将发泡剂水溶液制备成泡沫，与必须组分水泥基胶凝材料、水及可选组分集料、掺和料、外加剂按一定比例混合搅拌，并经物理化学作用硬化形成的一种轻质材料。由电建路桥承接的烟台金山湾生态城基础设施项目中，环湾西路道路下穿青荣高速铁路，设计采用现浇泡沫轻质土路堤，通过减轻填料自重、消减工后沉降，减少对铁路桥梁墩台的负摩阻力，保证高铁桥梁的安全。

该项目泡沫轻质土的设计强度为 0.6MPa，湿密度为 600kg/m³，流动度为 180mm。泡沫轻质土的施工主要是控制其抗压强度、湿密度和流动度。本文从原材料配比优化、拌和控制、浇筑等方面分析对泡沫轻质土的施工质量的影响。

1　原材料和配合比试验

1.1　水泥

试验用水泥为山东山水水泥厂生产的 P·O42.5 硅酸盐水泥。3 天胶砂强度 23.3MPa，28 天胶砂强度 44.9MPa。水泥技术性能指标符合 GB 175—2007《通用硅酸盐水泥》中的要求，可满足泡沫轻质土对水泥的要求。

1.2　发泡剂

在泡沫轻质土材料中，发泡剂最为关键。施工中要对发泡剂进行稀释倍率、发泡倍率、标准泡沫密度、标准泡沫泌水率等试验，通过对稀释倍率和发泡倍率的调整，使产生的泡沫细密、稳定，标准泡沫密度宜为 40～60kg/m³。本工程采用 FC 植物性水泥发泡剂，发泡倍数为 20，标准泡沫密度为 50kg/m³，满足施工要求。

1.3　配合比优化

泡沫轻质土配合比设计应满足抗压强度、湿密度、流值的要求。确定水泥浆配合比时，水固比参数 b 值宜取 1.3～1.6。在进行泡沫土消泡试验时，应当测定湿密度增加率及标准沉陷距，如湿密度增加率大于 10%或标准沉陷距大于 5mm，应当调整发泡剂的稀释倍率，或调整配合比组成材料的种类和用量（如选择新的水泥品牌）重新试配。在消泡试验满足要求的前提下，亦可调整水固比、试配密度，同步做多组试配试验，以强度满足要求的配合比作为施工配合比。配合比试验结果见表 1。

表 1　　配合比试验结果

设计 28 天抗压强度/MPa	水固比	每方泡沫轻质土材料组成/(kg/m³)			轻质土设计湿密度/(kg/m³)	实测 28 天抗压强度/MPa
		水泥	水	泡沫质量含量		
0.6	1.37	332	242	32.4	606.4	0.3
	1.42	337	237	32.6	606.6	0.5
	1.47	342	232	32.7	606.7	0.7
	1.52	347	227	32.9	606.9	1.0
	1.58	352	222	33.1	607.1	1.3

泡沫轻质土配合比试验的要点如下：

（1）根据经验初步确定的水固比，通过已知的泡沫轻质土湿密度和试验得到的标准泡沫密度，计算泡沫轻质土的气泡率，从而确定各种材料的用量。主要计算公式为：

$$\begin{cases}\lambda = \dfrac{R_L - R_{fw}}{R_L - \rho_a} \\ m_w = M_w(1-\lambda) \\ m_c = M_c(1-\lambda)\end{cases}$$

式中　λ——泡沫轻质土气泡率；

ρ_a——泡沫标准密度，通过发泡检测试验确定；

R_L——水泥浆湿密度，通过计算或配制溶液实测；

R_{fw}——泡沫轻质土湿密度；

m_w、m_c——每立方米泡沫轻质土中水、水泥的质量；

M_w、M_c——每立方米水泥浆中水、水泥的质量。

（2）通过试拌检测流值是否满足要求，如不满足要求，在满足湿密度允许的范围内通过调整水固比或气泡率来满足流值的要求。

（3）在流值和湿密度都满足要求后，制成100mm×100mm×100mm标准试件，置于密封塑料袋中于20～25℃的环境中养护规定龄期，检测强度是否满足要求，如不满足要求，重新调整水固比进行上述配合比试验，直至泡沫轻质土的强度、流值、密度满足设计要求。

（4）泡沫轻质土的消泡试验是检测水泥和泡沫的相溶性、稳定性，严格控制湿密度的增加率，保证泡沫轻质土符合设计要求（表2）。

表2　强度、湿容重、流值允许偏差及检验频率

检验项目	设计值/标准值	允许偏差	检验频率
强度/MPa	设计值	不小于设计值	连续浇筑每1000m³自检1次
湿容重/(kN/m³)	设计值	设计值±0.5	连续浇筑每100m³自检1次
流动度/mm	180	180±20	连续浇筑每100m³自检1次

2　拌和控制

2.1　设备要求

（1）设备性能良好，配有足够的易损件。配备先进的自动计量器具，确保配合比准确。拌制中，材料的计量精度应满足水泥、水±2%，发泡剂±5%的要求。

（2）严禁采用泡沫混凝土或发泡水泥设备替代泡沫轻质土专用设备进行施工，发泡装置应能设置稳定的发泡倍率，并生成标准泡沫密度的泡沫。

（3）浆液制备前期水泥浆要充分搅拌，使水泥浆均匀无沉淀，搅拌机转速宜为50r/min左右；后期加入泡沫提高搅拌机转速到110r/min，使泡沫和水泥浆混合均匀、悬浮稳定，无悬浮浆块、浆粒。

2.2　人员要求

（1）参加泡沫轻质土施工的人员上岗前要了解、掌握有关施工技术规范，明确岗位责任，未经培训不得上岗。

（2）施工前要严格控制泡沫密度，如不符合要求需及时调整气压或发泡倍率。试验检测人员要及时检测成品泡沫轻质土的湿密度和流值，若不合格应马上调整生产配比。水泥浆泡沫轻质土在储料装置中的停滞时间不宜超过2h。

3　施工管理

3.1　过程控制

（1）结合设备生产能力、工期要求等，对设计浇筑体进行浇筑区和浇筑层的划分，为浇筑施工做好相关规划。单个浇筑区长轴方向长度不宜超过30m。

（2）泡沫轻质土浇筑采用配管泵送方式，泵送距离不超过500m。浇筑时出料口宜埋在泡沫轻质土内，当无法满足要求时，出料口距浇筑点的高差宜控制在1m以内。

（3）泡沫轻质土分层浇筑，每层浇筑时间应控制在水泥浆初凝时间内。上下相邻两层浇筑层的浇筑间隔时间不宜小于8h。

（4）浇筑时，沿浇筑区长轴方向自一端向另一端浇筑。浇筑过程中，当需要移动浇筑管时，应沿浇筑管放置的方向前后移动，而不宜左右移动。

（5）轻质土浇筑完后将表面扫平。扫平表面时，尽量使浇筑口保持水平，并使浇筑口离当前浇筑轻质土表面尽可能低。

（6）浇筑至设计高程后用塑料薄膜覆盖保湿养护，以免泡沫轻质土在硬化过程中因表面失水过多而导致表层强度降低。尽量减少在已浇完尚未固化的轻质土上来回走动。

3.2　特殊季节施工

（1）雨季施工。在轻质土拌和场地修建好临时排水设施，保证雨季时不积水，不污染周边环境。做好施工设备、工程材料的防雨工作，电气设备、水泥等材料不得淋雨。对用电线路及电气设备要经常检查和维护，防止漏电事故发生。施工前密切注意天气情况，如遇下雨应马上停止浇筑，并覆盖好已浇或未浇筑完轻质土的表面。

（2）低温施工。泡沫轻质土不宜在冬季施工，并应预防因气温突然骤降对泡沫轻质土施工质量的影响。应提前做好预案，对浇筑设备、泵送管道、发泡剂及浇筑区域等采取保温措施，且在每班完工后应清空浇筑设备和泵送管道中的残留物。

4 结语

泡沫轻质土的质量控制重点是原材料和施工过程的控制。对于原材料检测，一定要注意发泡剂的选用，它将直接影响泡沫轻质土的质量。注意标准泡沫和水泥拌和环节的监控以及水泥对泡沫适应性的把握。如泡沫轻质土的工作性能、力学性能不能满足施工要求，要及时调整泡沫性能或更换组成材料，保证有足够的富余。施工中严格按泡沫轻质土试验参数的指标进行质量控制，并注意环境、材料等变化对泡沫轻质土的影响。

成都地铁盾构隧道掘进参数研究

杨志先/中国水利水电第七工程局有限公司

【摘　要】 以成都地铁4号线二期工程西延线土建6标凤—南区间盾构施工为例，通过区间盾构施工过程中遇到的各种地质条件以及工况等，对掘进参数的选取进行总结，提出符合该地层条件下的掘进参数，并提出了掘进速度是盾构施工的核心，为类似施工提供了借鉴经验。

【关键词】 掘进参数　渣土改良　土仓压力

1　引言

盾构隧道的掘进施工是由盾构施工参数控制的，包括掘进速度、千斤顶推力、刀盘扭矩、螺旋输送机转速、同步注浆压力等。盾构施工参数是一个复杂的系统，施工参数选取的合理与否直接影响到盾构施工的效率高低、对地层变形控制好坏，甚至决定盾构施工的安全。本文通过成都地铁4号线二期工程土建6标凤溪站—南熏大道站区间（以下简称凤—南区间）左线盾构施工过程中遇到的各种地质条件以及工况等，对掘进参数的选取进行总结，提出符合该地层条件下的掘进参数，保质保量地完成了区间盾构掘进施工，确保了施工安全和工期要求，为类似施工提供了借鉴经验。

2　工程概述

成都地铁4号线二期工程西延线位于成都市温江区，共8站8区间。西延线全长10.829km，均为地下线。西延线卵石最大含量可达85%、漂石粒径20～70cm、卵石单轴抗压强度超过170MPa。与中心城区内相比，本区段砂卵石地层具有漂石粒径大（最大粒径超过70cm）、漂石含量高（漂石含量超过5.5%）、部分地段卵石层密实程度差（卵石间只充填松散中细砂）等特点，该地层对地铁施工（尤其是盾构法区间隧道施工）影响较大，施工难度大。本文依托土建6标凤溪站—南熏大道站—光华公园站区间和凤凰大街站—西部新城站区间进行研究，选取了成都地铁4号线西延线凤—南区间左线572环的盾构施工参数进行分析。

3　掘进参数的选取

3.1　掘进速度

盾构掘进速度的大小，是多个参数共同作用产生的，是被动反馈的重要参数。盾构掘进速度是盾构隧道掘进生产效率的最直观体现，从施工生产角度来讲，在条件允许的情况下盾构掘进速度越快越好。但从环境控制角度来看，显然无法实现，因为在掘进过程中需要接受监测数据的反馈，并与其他辅助施工，如同步注浆、壁后二次注浆等相结合，以达到控制周边地层变化，保护周边环境的目的。

综合卵漂石地层下盾构掘进的速度统计情况发现，整个区段内掘进速度数值变化范围在10～67mm/min之间，平均值为37mm/min，掘进速度的分布整体呈近似正态分布，统计得到的掘进速度主要在30～60mm/min之间。1～450环盾构掘进速度变化从10～67mm/min不等，波动范围大，前120环掘进速度波动较大，120环以后掘进速度波动趋于平缓，如图1、图2所示。

土建6标段砂卵石地层的平均掘进速度保持在40mm/min以上，最低平均掘进速度不能小于30mm/min，卵石含量高时掘进速度会被迫降低，平均掘进速度低于30mm/min将导致超方。

但综观整个区段的掘进速度统计数据，掘进速度的波动较大，尤其是盾构始发后的第一个区间，说明人为操作因素对于掘进速度的控制影响很大。掘进速度的设

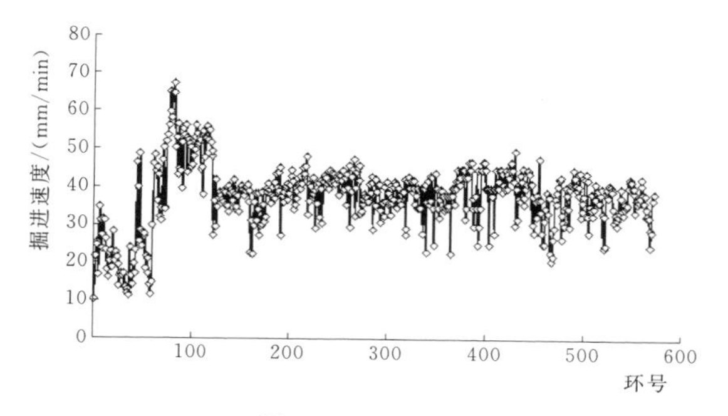

图 1 掘进速度图

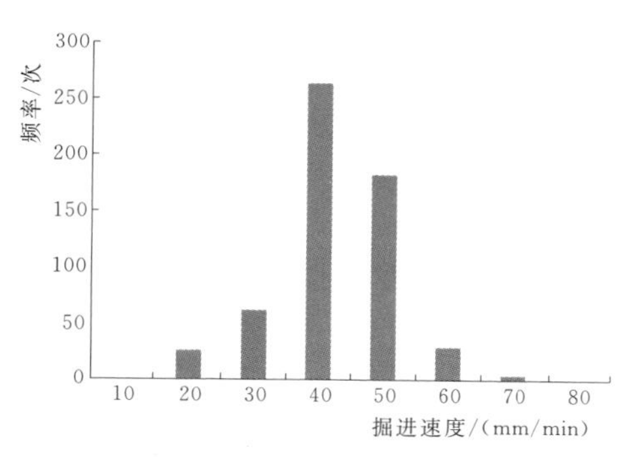

图 2 掘进速度直方图

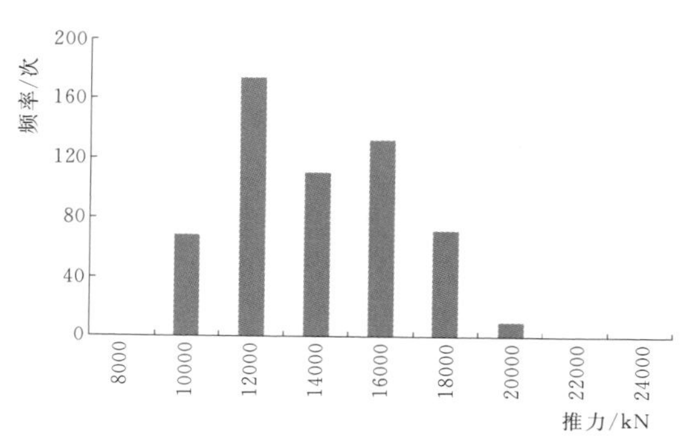

图 4 总推力直方图

定，还需同螺旋输送机转速、土仓压力控制等相匹配。

3.2 总推力

盾构总推力是盾构技术参数中主要参数之一，没有推力就没有掘进速度，理论上应该等于盾构推进过程中所遇到的各种阻力的总和，包括盾构侧面与周边地层的摩阻力、刀具贯入抵抗、刀盘正面阻力、盾构姿态调整或曲线施工附加阻力、管片和盾壳之间的摩擦力、盾尾脱出阻力和后配套的牵引力等。盾构施工中总推力的大小，对盾构机自身机械状态以及对周边环境的影响均有重要的意义。1～450 环的总推力如图 3、图 4 所示。70 环之前、320 环之后推力波动大，70～320 环之间波动小。

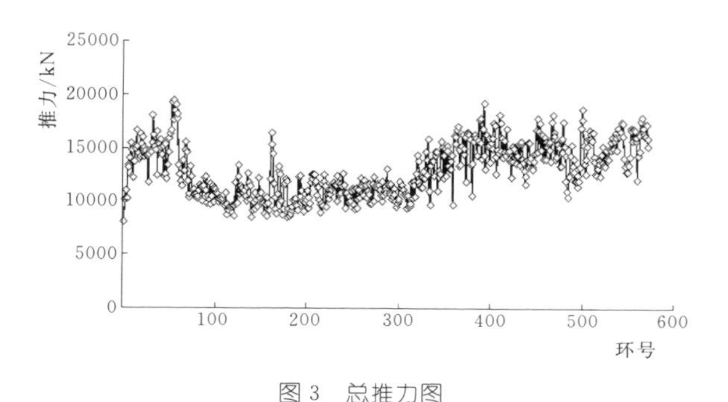

图 3 总推力图

综合卵漂石地层下盾构掘进的总推力统计情况发现，整个区段内总推力数值变化范围在 8000～20000kN 之间，平均值为 12984kN，主要在 10000～20000kN 之间。海瑞克盾构机的最大总推力为 34210kN，可见盾构总推力尚有较大的富余，总体上来看该设备满足盾构推进的需求。

在进入小半径曲线之前，总推力的变化趋势是先减小然后趋于稳定，进入小半径曲线之后总推力增大，对比 100～500 环的掘进速度并没有明显地减小，说明 100 环之后的地层比较容易开挖，不需要很大的推力也可以达到较大的掘进速度。

综上分析，土建 6 标段最大推力控制在 20000kN 以内（其中包含对铰接的克服），就能够保证掘进速度，在这样的推力下不会对管片造成破坏。

3.3 螺旋机闸门开度和转速与出土量的关系

土压平衡盾构靠调整螺旋机转速和闸门开度来维持土压平衡，如果掘进速度不变，螺旋机转速加快时出土量增加，土舱压力变小；螺旋机转速减慢时出土量减小，土舱压力变大。如果掘进时盾构推进切削的土体体积等于被螺旋机排出的土体体积，则盾构前方的接触压力等于土体的静止侧向土压力，盾构将既不会挤压前方土体，也不会对前方土体卸载。此时即达到所谓的土压平衡状态。实际上完全做到土压平衡非常困难，推进时螺旋机排出的土体体积或者大于盾构切削的土体体积形成欠推进状态，或者小于盾构切削的土体体积形成超推进状态。

螺旋机出土是维持土压平衡盾构土压平衡的关键，螺旋机出土量与转速一般用下式计算：

$$Q=\eta ANP \tag{1}$$

式中 Q——排土量；

η——排土效率；

A——螺旋输送机有效断面积，按式（2）计算；

N——转速；

P——螺旋翼片的间距。

$$A=\pi/4(D_1{}^2-D_2{}^2) \tag{2}$$

式中 D_1——螺旋机直径；

D_2——螺旋机轴直径。

通过上述公式，可以定量的计算螺旋机出土量。盾构在推进过程中，有出渣要求时，螺旋机闸门开度和转速将影响掘进速度。

3.4 刀盘转动

刀盘转动参数包括刀盘扭矩和刀盘转速，刀盘扭矩参数为自然形成。刀盘转动在砂卵石地层中的主要作用是：①扰动掌子面；②与推力联合破石；③与泡沫剂联合搅匀土仓渣土；④与泡沫剂联合改良掌子面渣土；⑤加快掌子面渣土入仓。

3.4.1 刀盘转速

综合该卵漂石地层下盾构掘进的刀盘转速统计情况发现，整个区段内刀盘转速数值变化范围在1.0～1.7r/min之间，数值主要落于1.3～1.4r/min区段，平均值为1.35r/min，刀盘转速分布整体呈近似正态分布。

在100环之后，刀盘转速趋于稳定。在350环之后，盾构开始进入小半径曲线地段，刀盘转速根据线路情况进行调整，故参数波动较大，如图5、图6所示。

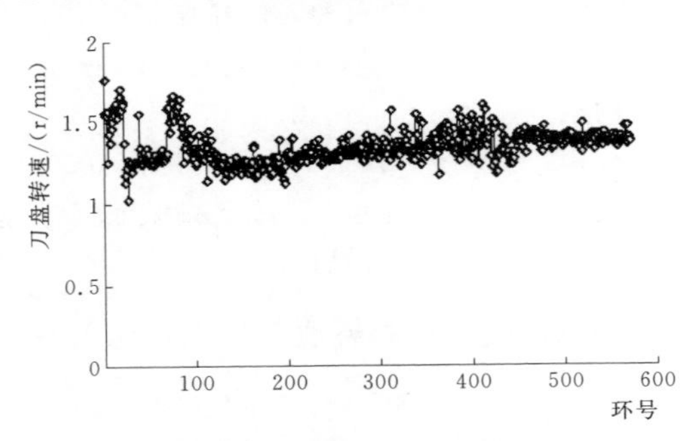

图5 刀盘转速图

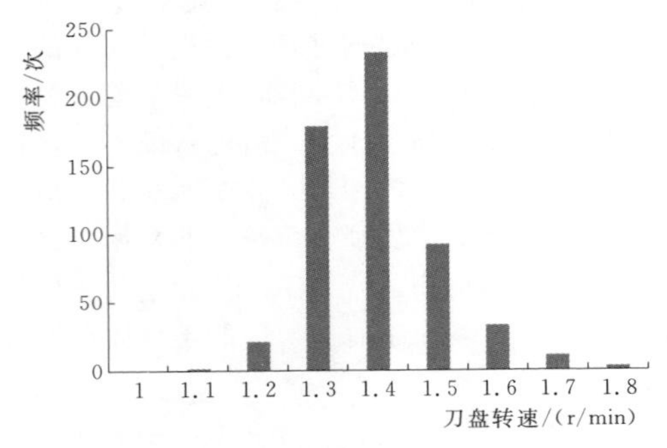

图6 刀盘转速直方图

为分析不同地质条件对刀盘转速的影响，通过资料调研，选取上海软土层、南京砂性土层及广州岩层中盾构掘进时的刀盘转速与本文依托的卵漂石地层工程盾构刀盘转速进行对比：

（1）本工程为卵漂石，局部砂夹层，卵石含量占60%～80%（质量比），充填物为细砂及圆砾，稍密—密实，盾构的刀盘转动速度平均值为1.21r/min。

（2）南京某地铁隧道主要穿越粉质黏土、粉土、粉细砂层，刀盘转速变化范围在0.9～1.2r/min。

（3）广州某地铁隧道主要穿越微风化岩和中风化岩，岩质较硬，刀盘转速平均值为1.45r/min。

（4）在类似上海地区的黏性软土地区，刀盘转速不超过1.0r/min。

由此可见，当地层的强度越高，则刀盘转速越快，相反，当地层强度较低时，刀盘转速越慢。从刀盘转速与土层强度的相互关系来看，当地层强度高时，盾构掘进时刀具切入土层的深度较小，则刀盘转动的阻力较小，在额定的功率下刀盘的转速相应越快。

3.4.2 刀盘扭矩

综合该卵漂石地层下盾构掘进的刀盘扭矩统计情况发现，整个区段内刀盘扭矩数值变化范围在1.2～4.67MN·m之间，平均值为3.1MN·m。统计得到的刀盘扭矩值主要落于2.5～4.5MN·m区间。

从刀盘扭矩图可以看出（图7、图8），扭矩随着盾构的向前掘进，扭矩呈减小的趋势，原因是进入地层条件相对改善，盾构机参数逐步与漂卵石地层匹配，这样掘进速度可以逐步增大。到了350环之后，盾构机开始进入小半径曲线，刀盘扭矩逐渐增大，掘进速度降低。

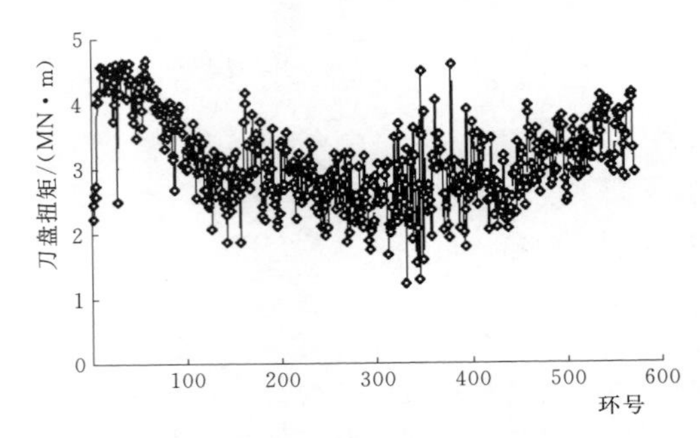

图7 刀盘扭矩图

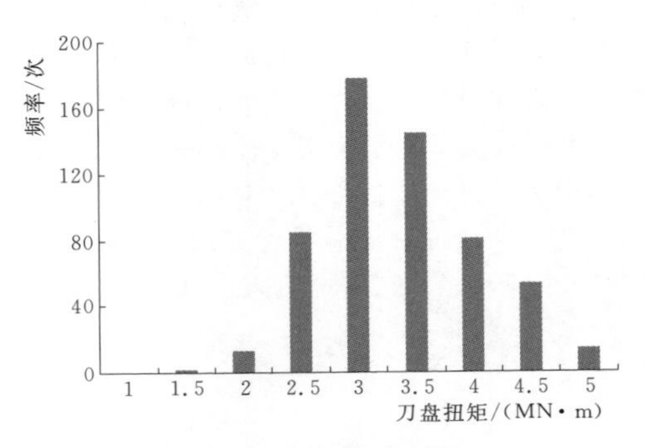

图8 刀盘扭矩直方图

为对比软土地区盾构掘进时刀盘扭矩情况，选取上海某盾构隧道工程，掘进土层为④层（灰色淤泥质黏土）、⑤1-1层（灰色黏土）及⑤1-2层（灰色粉质黏土）粉土，隧道中心埋深为13.42～20.79m，数据样本约800个。根据采集的刀盘扭矩值发现，主要落于1～2MN·m区间，平均值为1.7MN·m。通过两者比较，可见卵漂石地层条件下盾构掘进时的刀盘扭矩要比软土地区大许多，这使得盾构机的刀盘、刀具磨损较严重，盾构机的寿命减短。

综上分析可知，影响刀盘扭矩大小的主要因素是刀盘正面、侧面与土体之间的摩阻力扭矩、刀盘背面与压力舱内土体的摩阻力扭矩、压力舱内刀盘和搅拌叶片的搅拌扭矩。根据卵漂石地层的特性，土层与刀盘、盾体的摩擦较大，因此卵漂石地层条件下盾构的刀盘扭矩较大。通过渣土改良方法对刀盘前方土体和土仓内渣土的性状进行改变，使之与刀盘的摩擦系数减小，是减小刀盘扭矩的一个有效方法。

综合分析可知，在该地层条件下，扭矩大小和刀盘转速不能限定，只要求能满足推进速度。扭矩和转速不作为掘进控制参数的主要依据，仅供参考，不主动调整。刀盘转速符合设备要求即可，和扭矩成反比关系。

3.5 土仓压力

土压平衡盾构的平衡应该是出土量的平衡。由于刀盘面板的作用，在出土平衡时，开挖面处存在明显的挤压。其他条件相同且出土量平衡时，不同开口率盾构的土舱压力并不相等。

在实际施工过程中，盾构机的 PLC 参数系统采集各传感器位置的土仓压力值，在 100～310 环之间，5 号土压力传感器失灵，300 环之后，1 号、3 号、4 号土压力传感器测出来的数据异常，故剔除这些异常数据，现选取 1～310 环的 1 号、2 号、3 号、4 号土压力来分析。采集得到的各点土仓压力如图 9、图 10 所示。

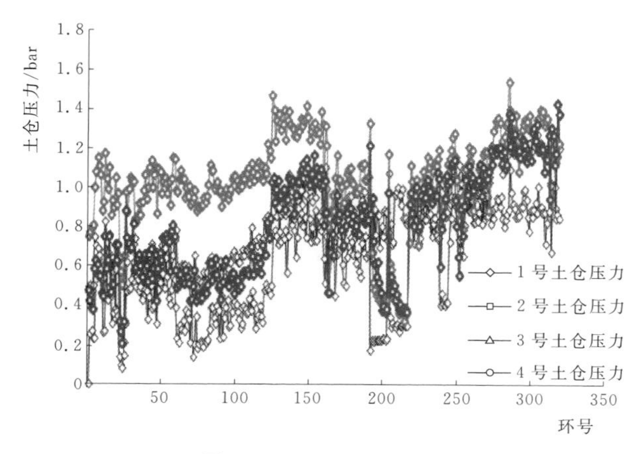

图 9　前 300 环土仓压力
（1bar=10^5Pa）

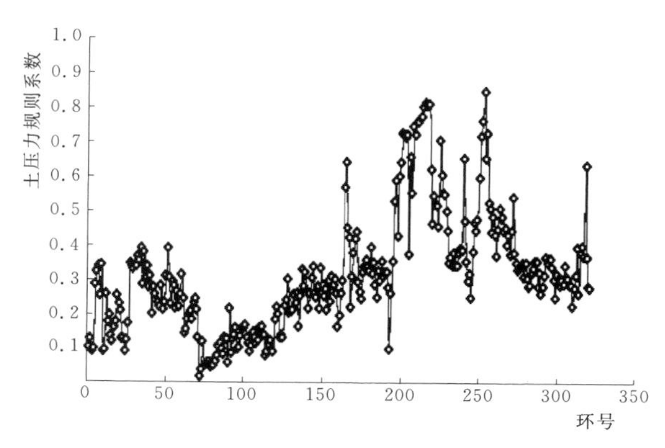

图 10　土仓压力规则系数

从传感器测得的土仓压力分布情况可以发现，土仓压力规则系数平均值是 0.32，卵漂石地层中掘进时土仓压力自上而下的分布极不均匀，局部位置的土仓压力突然增大，说明土仓内的渣土流塑性状态差。

通过分析我们认为，此参数为自然形成，在某些流动性较好的土层，通过螺旋机开口和转速就能建立土压平衡。在砂卵石地层具有骨架结构效应和滞后沉降现象来看，只要推进速度快，土仓压力不作为掘进控制参数。

4　结语

本文结合成都地铁 4 号线二期西延线区间凤—南区间左线隧道盾构施工，通过对实际施工过程中遇到的各种工况及采取的处理措施得到的相关参数进行综合分析，得出在土建 6 标段施工的地层中，掘进速度是盾构施工的核心，所有参数均应保证掘进速度，在砂卵石地层可通过推力和螺旋输送机开度的配合来控制掘进速度，而刀盘转动和土仓压力在不影响渣土改良的情况下，只能作为判断掘进速度的参考指标，不参与控制掘进速度。这一套参数的总结和理念是成功的，类似地质条件下的盾构施工可以借鉴。

铁路工程高性能混凝土配合比设计

陈希刚　张宝堂　刘福高/中国水利水电第十三工程局有限公司

【摘　要】本文主要讲述铁路工程高性能混凝土的配合比试配程序和步骤。高性能混凝土（high performance concrete，HPC）是一种新型高技术混凝土，采用常规材料和工艺生产，具有混凝土结构所要求的各项力学性能，具有高耐久性、高工作性和高体积稳定性的混凝土。

【关键词】耐久性　高性能　强度

1　工程概况

1.1　工程简介

本标段处于贺州市与广州段之间，线路长16.784km，桩基3669根，设计量125242.24m³；承台335个，设计量104272.24m³；墩身489个，设计量109396.83m³；连续梁共七联，设计量25291m³。本标段桩基所处的环境为碳化环境侵蚀等级T2，化学侵蚀等级为H1，设计使用年限为100年。

该地区属亚热带季风气候，气温高，雨量丰富，雨热同季，无霜期长。4—9月暴雨较为集中，为汛期，冬季很少严寒。年平均气温21.9℃，极端最低气温0.4℃，极端最高气温38.7℃；年平均降雨量1780.2mm，日最大降雨量269.5mm，年平均蒸发量达1742mm；年平均相对湿度83%；年平均风速2.6m/s，最大风速17.0（SW）m/s；年平均无霜日356天；最大积雪厚度0cm。

1.2　施工条件及环境

施工场地密布鱼塘和稻田，地表水、地下水丰富，有侵蚀性，桩基所处环境作用等级为T2，H1。这就要求该标段设计的混凝土配合比必须具有抗侵蚀性，满足设计使用的年限。

2　高性能混凝土设计技术指标及要求

（1）强度设计等级：C30混凝土。

（2）设计坍落度：180～220mm。

（3）含气量：含气量不小于2%。

（4）胶凝材料抗蚀系数：不小于0.8。

（5）标准差：4.5MPa。

（6）外加剂掺量：胶凝材料的1%。

（7）粉煤灰掺量：胶凝材料的30%。

（8）混凝土耐久性指标：①电通量1200C；②混凝土总碱含量不大于3.0kg/m³；③混凝土氯离子含量不大于0.001胶凝材用量。

3　高性能混凝土配合比设计

高性能混凝土与普通的混凝土配合比设计原则和计算的过程是一样的，区别在于掺入了一定剂量的外加剂，不但强度满足要求，而且耐久性更长，尤其是混凝土电通量的试验，为关键性指标。

3.1　高性能混凝土的优点

（1）具有一定的强度和高抗渗能力，但不一定具有高强度，中、低强度亦可。

（2）具有良好的工作性，较高的流动性，在成型过程中不分层、不离析，易充满模型，还具有良好的可泵性和自密实性能。

（3）具有使用寿命长，对于一些特护工程的特殊部位，控制结构设计的不是混凝土的强度，而是耐久性。能够使混凝土结构安全可靠地工作50～100年以上，是高性能混凝土应用的主要目的。

（4）具有较高的体积稳定性，即混凝土在硬化早期具有较低的水化热，后期具有较小的收缩变形。

概括起来说，高性能混凝土就是能更好地满足结构功能要求和施工工艺要求的混凝土，能最大限度地延长混凝土结构的使用年限，降低工程造价，这才是推广应用高性能混凝土的意义。

3.2　配合比设计、计算过程

（1）确定混凝土配置强度。计算配制强度公式为

$$f_{cu,o}=f_{cu,k}+1.645\sigma$$

式中 $f_{cu,o}$——混凝土配制强度，MPa；

$f_{cu,k}$——混凝土立方强度抗压度标准值，MPa；

σ——施工的混凝土强度标准差，MPa，根据不同的强度等级，σ 选用 4.5。

混凝土配置强度 $f_{cu,o}=30+1.645\times4.5=37.4$（MPa）

（2）确定水胶比。

水胶比计算公式：$W/C=aa\times f_{ce}/f_{cu}$，$c+aa\times abf_{ce}$

碎石：$aa=0.46$，$ab=0.07$

实测强度：$f_{ce}=r_c\times f_{ce,g}$

水泥强度富余系数：r_c 选定 1.13，实测强度 $f_{ce}=1.13\times42.5=48.0$（MPa）

$W/C=aa\times f_{ce}/f_{cu}$，$c+aa\times abf_{ce}=(0.46\times48.0)/(37.4+0.46\times0.07\times48.0)=0.57$

（3）按耐久性要求复合水胶比。钢筋混凝土，潮湿环境，无冻害考虑，T2，H1（100 年）最大水胶比 0.50，掺 30%一级粉煤灰，最大水胶比要求不大于 0.45，水下混凝土要求最小胶凝材用量不小于 400kg/m³，选择水胶比为 0.39 可满足以上条件。

（4）确定单位用水量。设计坍落度 180～220mm，掺 1%聚羧酸系高效减水剂。试验确定用水量为 157kg/m³。

（5）确定胶凝材用量。

$$C=W/W/C=157/0.39=403$$

（6）确定掺和料用量。高性能混凝土要求矿物掺和料掺量不宜小于胶凝材总量的 20%，试拌实测 28 天水泥抗压强（48.2MPa）较高，等量代替，配合比设计掺 30%粉煤灰，121kg/m³。

（7）确定砂、石材料用量。经试验确定砂率为 42%。按质量法计算，假定容重 2350kg/m³。按表 1 进行试拌。

表 1　混凝土材料用量表

配比参数	胶凝材料		用水量	细骨料	粗骨料　1036			减水剂
	水泥	粉煤灰	拌和水	中砂	5～10mm	10～20mm	16～31.5mm	WS-PC
材料比例/%	70	30	—	42	20	50	30	1.0
计算用量/(kg/m³)	282	121	157	750	207	518	311	4.03

（8）配合比试配与参数调整。按表 1 每盘 50L 试拌，混凝土拌和物黏聚性和保水性良好，坍落度测定值在设计范围内。实测容重 2351kg/m³，校正系数不超过 2%，不需调整。高性能混凝土设计选定 0.39、0.38 及 0.36 在标准养护条件下，56 天抗压强度分别为

$$W/C=0.36\text{ 时}，f_{56}=66.4$$

$$W/C=0.38\text{ 时}，f_{56}=59.4$$

$$W/C=0.39\text{ 时}，f_{56}=57.2$$

图 1 中最小水胶比 0.39 时，56 天抗压强度（57.2MPa）远高于配置强度（37.4MPa），故抗压强度不作为确定水胶比主要依据，按混凝土耐久性进行确定。试配选定 0.39、0.38 及 0.36 三个水胶比进行混凝土耐久性试验，确定最终水胶比。

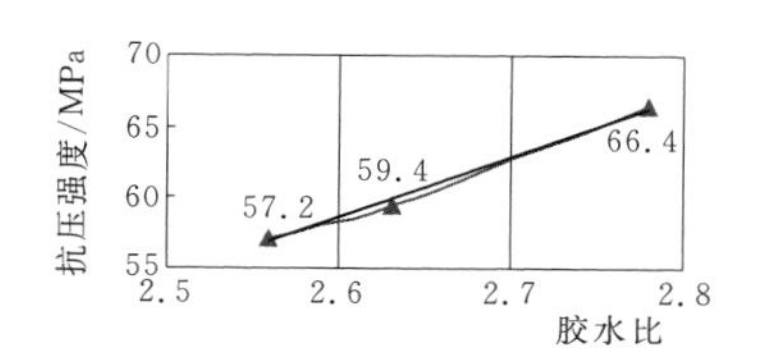

图 1　胶水比与抗压强度关系曲线图

（9）确定混凝土配合比。混凝土拌和物的表观密度设计为 2350kg/m³，选择用水量时调整并验证，校正系数不大于 2%，故混凝土设计配合比的材料用量无须调整，水胶比为 0.39 时，均能满足耐久性指标要求，最终可用于施工的理论配合比见表 2。

表 2　混凝土施工理论配合比

材料名称	胶凝材料	细骨料	粗骨料	拌和水	外加剂
混凝土材料用量/(kg/m³)	403	750	1036	157	4.03
材料比值关系	1	1.86	2.57	0.39	0.01

4　耐久性指标计算

4.1　水胶比

T2，H1 环境要求 0.50，设计 0.39，满足要求。

4.2　混凝土总碱含量

水泥碱含量＝水泥质量×水泥碱含量＝282×0.58%＝1.636

粉煤灰碱含量＝粉煤灰质量×粉煤灰碱含量÷6＝121×1.29%÷6＝0.260

外加剂碱含量＝外加剂质量×外加剂碱含量＝4.03×1.42%＝0.057

拌和用水碱含量＝拌和用水体积×0.004＝157×0.000004＝0.001

总碱含量＝水泥碱含量＋粉煤灰碱含量＋外加剂碱含量＋拌和用水碱含量＝1.636＋0.260＋0.057＋0.001＝1.954＜3.0（合格）

4.3 氯离子含量计算

水泥氯离子质量＝水泥质量＋水泥氯离子含量＝282×0.007％＝0.0197

细骨料氯离子质量＝细骨料质量＋细骨料氯离子含量＝750×0.002％＝0.0150

粗骨料氯离子质量＝粗骨料质量＋粗骨料氯离子含量＝1036×0.003％＝0.0311

粉煤灰氯离子质量＝粉煤灰质量＋粉煤灰氯离子含量＝121×0.01％＝0.0121

外加剂氯离子质量＝外加剂质量＋外加剂氯离子含量＝4.03×0.03％＝0.0012

拌和用水氯离子质量＝拌和用体积＋拌和用水氯离子含量＝157×0.0000213＝0.0033

总氯离子质量＝水泥氯离子质量＋细骨料氯离子质量＋粗骨料氯离子质量＋粉煤灰氯离子质量＋外加剂氯离子质量＋拌和用水氯离子质量＝0.0197＋0.0150＋0.0311＋0.0121＋0.0012＋0.0033＝0.0823＜0.403（合格）

4.4 混凝土的电通量（在60V直流恒电压作用下6h内通过混凝土的电量）

28天：970C

56天：878C＜1200C（合格并符合设计要求）

分析图2、图3所示数据，可以得出以下结论：混凝土的电通量随着水胶比增大而增大，这是因为随着水胶比的增大，混凝土内部孔隙增多，密实程度减小，抗氯离子渗透性也随之减弱，氯离子迁移能力增强，在规定测试时间内通过试件的总电量增大；而当水胶比较小时，混凝土内部孔隙率也较小，密实程度增大，抗氯离子渗透性也随之增强，氯离子迁移能力减弱，在规定测试时间内通过试块的总电量减少。

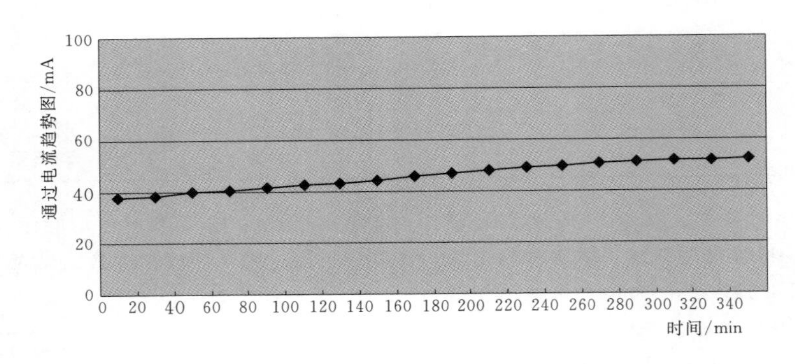

图2 电流与时间的关系图

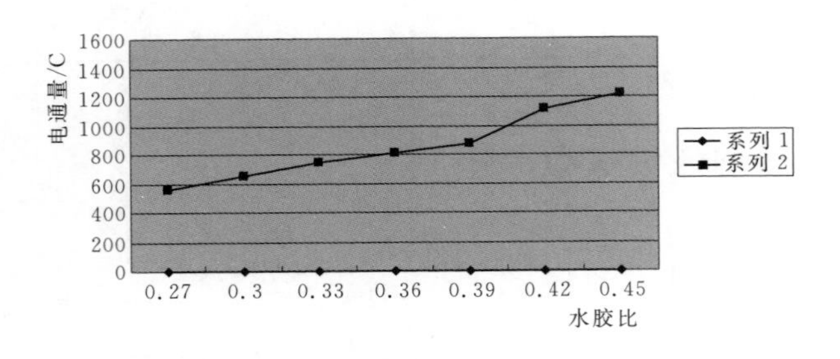

图3 电通量与水胶比关系图

可见电通量确实可以较好地用来评价混凝土的密实性和抗渗性。但电通量的测试也是一项较新的技术，由于时间的仓促，数据的收集不够完善，在这里仅对耐久性混凝土电通量测试试验作简单的探讨。

根据上述高性能混凝土配合比所对应的混凝土拌和物性能、抗压强度、抗裂性以及耐久性能试验结果，均满足工作性要求、经济合理的原则。

5 高性能混凝土配合比设计的特点

（1）由于混凝土耐久性的需要，对原材料的品质要求比现行标准有所提高。

（2）处于不同环境的混凝土分别有抗氯离子渗透、抗冻、耐蚀、碱骨料反应等要求，配合比的试验除满足基本要求指标之外，还需对其中的一种或多种环境作用等级分别进行耐久性试验。

（3）配合比设计试验周期不同。由于耐久性要求，高性能混凝土的配合比设计周期为56天。

（4）有耐久性要求的混凝土配制时一般要采用适当的单掺或者多掺矿物掺和料，采用较少的水泥用量、掺用较多的掺和料、采用较低的水胶比。

（5）高性能混凝土硬化初期对温度、湿度较为敏感，现场试验证明，有效地保温、保湿养护对控制混凝土的早期开裂行为非常有效。

(6) 高性能混凝土配合比设计还要遵循一定的经济性原则。通过优化材料配比，使混凝土以高耐久性、高工作性、高经济性、适当的强度来满足施工的要求。

6 结语

需要指出的是，高性能混凝土的特性是针对具体应用和环境而开发的，特别是流动性不可以作为高性能混凝土的指标，需根据工程特点注意拌和物的工作性。而且高性能混凝土制备技术应该注意克服追求高早强的倾向，这一点对混凝土的体积稳定性意义重大。高性能混凝土在发展中应当注重强度和耐久性的提高，但对于一项工程来说，混凝土体积的稳定性和均质性是最终目标。

综合来讲，高性能混凝土还有很广阔的探索空间。总体上是一种将大量优点集中于一身的新型材料。正因其优越的工作性能和良好的经济效益，高性能混凝土的用途是在不断扩大的，在许多工程中得以推广应用。基于混凝土作为主要建筑材料大量使用的现实，对于高性能混凝土的未来前景展望应保持乐观。

600MW 燃煤电站烟囱钢平台与钢内筒吊装技术

张　文　于克海/山东电力建设第一工程公司

【摘　要】 近年来，随着高耸构筑物工程设计理念的不断成熟和安全性要求的逐步提高，传统的砖砌内衬烟囱已经被防腐性强、坚固性好的钢内筒烟囱逐步替代。烟囱高度的增加以及多台机组共用一根烟囱的应用现状对钢内筒的吊装提出了更高的技术要求。本文针对印度 KMPCL 项目 6×600MW 机组烟囱钢平台、钢内筒的吊装技术进行阐述，为今后同类型工程的施工提供参考。

【关键词】 烟囱　钢平台　钢内筒　吊装

1　引言

目前燃煤电站机组的烟囱内部一般设置 1～3 根钢内筒。钢内筒数目越多，内部安装空间越狭小，施工难度越大。如何高效、安全地完成烟囱钢平台和钢内筒的吊装工作，对吊装机械选型、布置和吊装方案、吊装技术等提出了很高的要求。

2　工程概况

印度 KMPCL 6×600MW 燃煤电厂设计为三台机组合用一座烟囱，烟囱设计为一座混凝土外筒的内部布置三个钢内筒的基本结构型式。外筒高度 270m，出口内径 19.8m；内筒为等径钢制筒，高 275m，出口内径 7m，单筒重量 590t，采用悬挂式布置。吊装机械采用 SWEDAN 公司生产的液压千斤顶提升装置，所用千斤顶为空心式。千斤顶活塞上端设上卡紧机构，缸体下端设下卡紧机构。上、下卡紧机构之间有承力钢索穿过，钢索下端通过下锚头与吊装件相连接。液压千斤顶、液压泵站和电气控制台组成一套整体系统，液压泵站输出的压力油推动液压千斤顶活塞作往复运动，上、下卡紧机构交替进行负荷转换（卡紧或放松），从而将穿在其间的钢索按行程提升或下降，这样就可以实现重物吊装作业。该液压提升技术具有逆向运动自锁功能，构件提升过程中，我们可以在任意位置做到长期安全锁定。

3　烟囱平台 Y 形钢梁吊装技术

3.1　钢内筒支撑梁布置型式

为了保证三根钢内筒均衡受力，钢内筒的支撑钢梁设计为 Y 形布置。

3.2　钢梁吊装方案

（1）钢梁跨度大，最重钢梁为 27.77t，设计采用两台卷扬机抬吊一根大梁，每台卷扬机钢丝绳为 3 股，利用 2 套 3×(3～20)t 滑轮组。滑轮组效率为 0.95，每股钢丝绳的受力为 5.54t（含动滑轮配重在内）。

20t 滑轮组承受拉力为

$$S_k = \frac{QE^n \dfrac{E-1}{E^n-1} E_Q^K}{2}$$

$$= \frac{27.77 \times 1.04^3 \times \dfrac{1.04-1}{1.04^3-1} \times 1.04^1}{2}$$

$$= \frac{10.396}{2} = 5.198\ (\mathrm{t})$$

（2）卷扬机钢丝绳可靠性计算。选用 $\phi 28-6\times 37+1-170$，$S_{破}=41.8\mathrm{t}$，$P=S_b/S_{拉}=41.8/5.198=8.4$（倍），满足安规 5～6 倍要求。

（3）吊装顺序。为满足提升负荷需要和减少高空移动滑轮组的次数，可设置 3 台 20t 卷扬机。使用 2 台卷扬机抬吊主梁，利用 1 台卷扬机吊装中间 Y 形梁。吊装顺序为：首先利用外筒提模装置吊装顶层平台钢梁（三根主梁和中间 Y 形梁，使用单台卷扬机吊装），然后浇筑顶层平台混凝土（并预留钢丝绳穿装孔洞，加装安全围栏），其次将 20t 卷扬机定滑轮的生根点移至顶层平台钢梁（此点将作为吊装下面各层钢梁的长期吊装点）。最后拆除外筒提模装置并进行埋件清理，再由上至下完成各层平台钢梁的吊装。下部各层平台先安装三根主梁，再安装中间 Y 形梁和其他次梁。工作原理如图 1 所示。

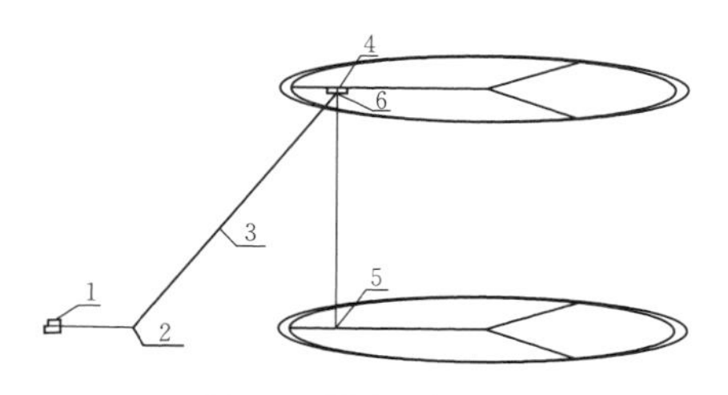

图 1　Y 形梁吊装原理

1—卷扬机；2—定滑轮（下）；3—钢丝绳；4—顶层平台钢梁；5—卡环；6—三门滑轮（上）

3.3　吊装工艺及流程

3.3.1　临时施工主梁吊装

用 5t 卷扬机将 I45a 工字钢吊装至筒首提模平台，在平台上进行工字钢拼装，将拼装好的双钢梁用手拉葫芦安装到外筒提模主桁架上，作为 20t 卷扬机的吊点。因顶层最重钢梁为 7.2t，所以一台 20t 卷扬机能够满足要求。然后用地锚绳将穿装好的 20t 卷扬机滑轮组固定在双拼钢梁上。

3.3.2　卷扬机提升能力试吊

使用 75t 履带吊及 20t 卷扬机将试吊物倒运至烟囱内部 0m 起吊位置，使用卡环将动滑轮和试吊物吊耳进行连接。试吊过程中，烟囱顶部人员要认真观察提模装置有无震动及变形情况，受力后是否有位移现象，各个受力点的焊接点是否有开裂现象以及检查卷扬机刹车性能等。

3.3.3　顶层平台主钢梁吊装

使用 75t 履带吊及 20t 卷扬机将 268m 平台的主钢梁倒运至烟囱内部 0m 起吊位置，使用卡环将动滑轮和吊耳进行连接，然后将钢梁吊装至 268m 处。钢梁就位应先穿进一端的混凝土筒壁洞口内，再将钢梁往回平移就位另一端。整个过程在卷扬机不脱钩的前提下进行，卷扬机始终处于受力状态。用手拉葫芦将钢梁移到就位位置进行焊接固定，确保安全牢固后再脱掉卷扬机，至此主梁安装完毕。依次重复上述过程，将另外两根钢梁吊装就位，并调整梁的位置使其按图纸要求就位。

3.3.4　顶层平台 Y 形钢梁安装

将 268m 层 Y 形钢梁在 0m 进行组装，所有连接板及螺栓安装好并用电动扳手将螺栓紧固完毕，在 Y 形梁的三个端部焊接双孔吊耳（到顶部手拉葫芦辅助就位时使用）。因为这层钢梁较小（组合后 Y 形梁 7.9t），所以 20t 卷扬机可用三绳平衡起吊。Y 形钢梁吊至 268m 处，用手拉葫芦辅助将 Y 形梁与主梁进行安装就位，螺栓穿装完毕后及时用电动扳手拧紧。

3.3.5　重新布置卷扬机吊点

顶层平台所有钢梁安装完毕，经检查验收后，浇筑混凝土平台，周边孔洞周围焊接临时安全围栏，做好防护措施。然后将 20t 卷扬机的吊点移至顶层平台主钢梁。

3.3.6　抬吊各层平台钢梁

吊装顺序同 3.3.3 节和 3.3.4 节，从上到下依次吊装完成。

4　烟囱钢内筒的吊装技术

4.1　吊装施工方案

在顶层混凝土平台上方安装液压提升系统，检查验收合格后再进行钢内筒的提升安装工作。钢内筒分六段安装，每段提升结束后立即安装悬挂点支架，六段全部提升完成后再安装伸缩节。整个过程无交叉作业。一根钢筒安装完毕，再将提升装置移至另一内筒的安装位置。人员上下利用专门载人吊笼，最后安装之字形爬梯。钢内筒具体工程量见表 1。

表 1　钢内筒工程量

序号	钢板厚度	工程量	备注
1	12mm 钢板	223.92t	单筒
2	8mm 钢板	218.29t	单筒
3	角铁加固	70.316t	单筒
4	保温材料	5853m^2	单筒
5	悬挂点、止晃点	42 个	
	总计	589.609t	

4.2　烟囱钢内筒液压提升装置安装

（1）用 5t 卷扬机将千斤顶承重钢梁吊至顶层 268m 平台，在平台钢梁上进行焊接固定，然后放置 20t 千斤顶，并把千斤顶与油站用高压油管连接（共 32 台千斤顶，分 16 组安装，每两台千斤顶抬升一根钢绞线，所以共 16 根钢绞线承担被吊物重量）。安装千斤顶上部钢梁时要求上下钢梁中心在同一条垂线上（防止提升过程中钢索与钢梁孔洞摩擦破坏钢索），按照此步骤将 16 组千斤顶安装到位，16 组千斤顶圆周对称布置，然后进行钢索的穿装。卡爪安装前必须进行检查，手感光滑，变形爪牙需更换。钢索采用 3t 卷扬机吊至千斤顶下方，打开卡爪进行穿装，3 瓣卡爪必须分布均匀、高低一致才能受力一致。钢索到位后锁紧卡爪，上方钢索留出大于500mm的安全距离，并用钢丝绳卡头锁定，钢索下头与钢内筒吊点连接，各吊点之间的距离应均匀分布。与钢筒连接的卡爪需用锤子打实、压板压紧，并在受力达到5t后进行二次紧固，防止滑脱。吊点下方钢索同样留出大于500mm的安全距离。钢索穿装完毕后，在千斤顶上方安装钢索导向架（注意钢索要垂直导出，不能弯折磨损上卡爪）。

(2) 提升装置各橡胶软管连接时，接头处必须用煤油清理干净。泵站放置平稳，不得倾斜，工作时不允许产生剧烈振动。

(3) 提升装置安装完成后，进行该设备的调试。空载运行先检查各组的同步情况，调节供油量使其同步。安装完导向架、钢绞线后进行该设备的综合调试，包括低负荷运行、空载运行、带负荷上升等工况。当设备试运行合格后正式开始吊装作业，在运行过程中可选择手动运行，也可选择自动运行。当连续作业时，每提升5m高度检查一次，并给上、下卡爪加注3号二硫化钼锂基润滑脂一次（杜绝油脂涂在钢绞线上）。在使用过程中，若发生卡爪上O形圈断掉的现象，可以使用气门芯代替，使其握紧力与O形圈一致。当各个吊点的负荷相差较大时，可以通过单组千斤顶运行来调整；当出现个别钢绞线不受力时应立即停机，使用紧线器再次预紧，预紧力为单根钢绞线的平均受力；当长时间悬停时，应将负荷转换到下方卡爪机构上。

(4) 吊装作业时，如果出现“喀喀”声响，这是卡爪滑脱失效征兆，应及时停机，仔细检查卡爪工作情况。如发现卡爪与钢索的咬合面磨损严重，必须更换卡爪。注意：只有在卡爪卸载状态下，才能进行更换。使用过程中，每天必须进行检查卡爪。

4.3 止晃点、悬挂点安装

(1) 第一节钢内筒到达安装位置后，使用定向装置固定钢内筒，以防止外力作用改变钢内筒的位置，按照图纸要求进行悬挂点（6处悬挂牛腿）的定位工作。

(2) 安装时采用对称的方式进行施工。首先利用倒链葫芦将构件拉至安装位置，并用螺栓固定钢内筒与悬挂点（初紧），然后使用螺栓将悬挂点的底板与钢梁连接，对称处采用相同的方式进行固定，在安装完成该平台6个悬挂牛腿后拆除钢内筒的定向装置。其余平台将依次按该方法进行施工。

4.4 伸缩节的安装

整个筒体分4段悬挂，共3个伸缩节。在完成所有钢内筒的吊装工作后，使用卷扬机将膨胀节材料吊装至安装位置。首先将底部采用预先加工好的$L=70\times6$扁铁固定，再使用M16螺栓进行初紧，逐步完善底部其余螺栓，然后以同样的方式采用螺栓固定顶部。

4.5 受力计算

4.5.1 千斤顶以及卡爪受力计算

根据总体方案，钢内筒分六大节进行提升，16组千斤顶共有16根钢索承担钢筒重量，卡爪的额定荷载为12t，总体荷载为12×16=192（t）。按照最重一节（275～214m）150t计算，每根钢索及卡爪的受力为150/16=9.4（t），9.4/12=0.78＜80%，所以能满足施工要求。

4.5.2 吊耳受力计算

每个吊点最大受力为9.4t，吊耳规格为24mm×300mm×260mm。焊接吊耳时，吊耳钢板贴近钢筒加固环，焊接在12mm厚筒体钢板上，吊耳两侧焊接三角形加劲肋。

设计吊耳材质为Q345B，其$\sigma_s=345$MPa，取1.5倍的安全系数，其$[\sigma]=230$MPa，其厚度$\delta=24$mm。

吊耳孔两侧剪应力：

$$\sigma_1=F\times1000g/[(L-2R)\delta]$$
$$=9.4\times1000\times9.8/[(300-80)\times24]$$
$$=17.45\ (\text{MPa})$$

吊耳孔立侧剪应力：

$$\sigma_2=F\times1000g/(2R\delta10^{-6})$$
$$=9.4\times1000\times9.8/(80\times24)$$
$$=47.98\ (\text{MPa})$$

根据上述计算可以看出：

47.98MPa＜$[\sigma]=230$MPa，故耳板强度满足吊装要求。

5 结语

通过对印度KMPCL项目6×600MW机组电厂的烟囱钢内筒吊装，经过严谨的受力计算和技术风险分析，并且经过安装的具体实践。事实证明该套装置安全性能稳定、可靠，方案切实可行，施工得到业主的一致好评。该烟囱的施工于2015年荣获印度建筑行业发展委员会（简称CIDC）颁发的“最佳建筑工程成就奖”。印度KMPCL项目烟囱钢平台和钢内筒吊装施工方案的顺利实施，为今后类似的烟囱钢平台、钢内筒吊装提供了很好的参考价值。

地铁车站轨顶风道施工技术

陈　星/中国水利水电第十三工程局有限公司

【摘　要】本文以地铁车站轨顶风道的工艺流程为基础，依次介绍了轨顶风道的钢筋施工、模板施工、施工缝缝面处理、预埋件和预埋留孔、支架施工和混凝土施工，希望能对类似的现场施工提供宝贵的经验。
【关键词】地铁车站　轨顶风道　施工技术

1　工程概况

左邻站位于洪山区左岭镇高新大道与卸甲路交叉口处，车站在高新大道北侧呈东西走向布置，所处位置现状为荒地和卸甲路。车站周边现状为左岭新城一期、高新大道和左岭新城小区还建楼施工区等。高新大道规划道路红线宽 65m，已基本实现规划。卸甲路为高新大道连通左岭镇的市政支路。

车站有效站台中心里程为：右 DK59＋350.000。车站起点里程：右 DK59＋213.278。车站终点里程：右 DK59＋514.178。全长 300.9m，标准段宽度 25.1m。车站为地下一层带地面厅结构，地下一层为钢筋混凝土框架结构，地面厅为钢结构，7.65m 侧式站台。工程采用明挖法施工。车站主体设全外包防水层。车站所在位置地下有电力、给水、燃气、通信等市政管线，地面有电力架空线及通信塔等构筑物。场地较为开阔，基坑距离周边最近建构筑物的距离为 34m。

2　轨顶风道设计情况

左岭站轨顶风道设计（图 1）长度 221m，被中隔墙分成左右线。起始轴为 5 轴，终点轴为 32 轴，设计轨顶风道边缘板厚 275mm，中部厚度 150mm，坡度 2%（由站台一侧向车道一侧）。

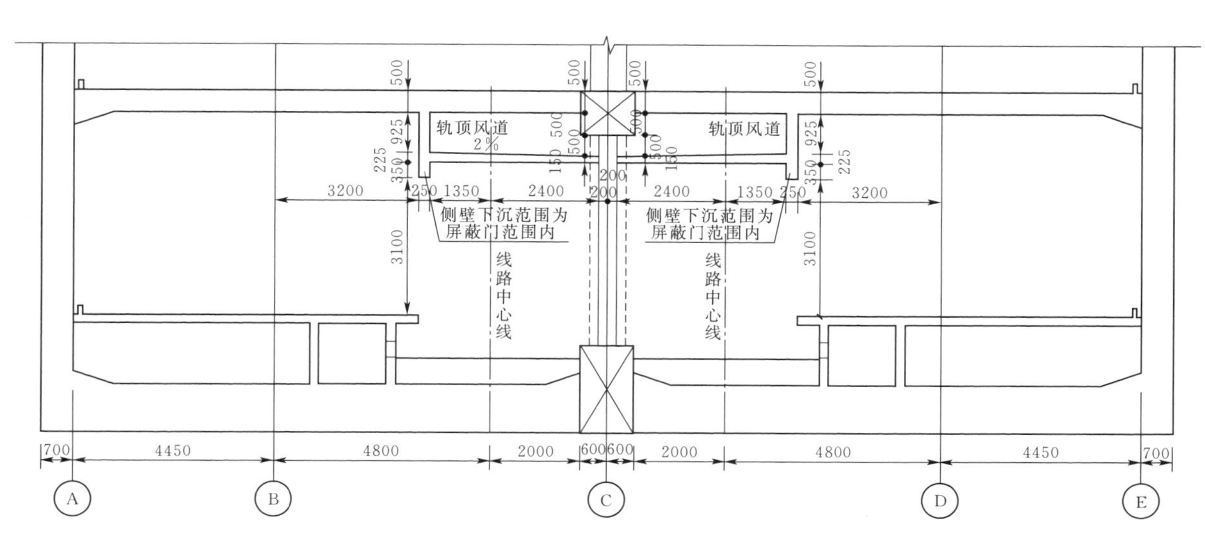

图 1　左岭站轨顶风道设计情况

3　左岭站轨顶风道设计要求

（1）所有外侧横向主筋接头不得设于框架节点范围内，顶、底板和外墙的内侧横向主筋接头应尽可能避免设在跨中。

（2）纵向钢筋直径不小于 25mm 时，宜采用机械连接，当直径小于 25mm 时，可采用搭接或焊接。

（3）纵向钢筋焊接接头长度：单面焊为 10d，双面焊为 5d（d 为钢筋主筋直径）；纵向钢筋的最小搭接长度：$L/l=\zeta L/aE$；其中 ζ 的取值见表 1。

表 1　纵向受拉钢筋搭接长度修正系数

纵向受拉钢筋接头百分率/%	≤25	50	100
ζ 值	1.2	1.4	1.6

纵向钢筋的焊接接头应相互错开，钢筋的焊接接头连接区段的长度为 35d，且不小于 500mm，d 为连接钢筋的较小直径，凡接头中点位于该连接区段内的焊接接头均属于同一连接区段。位于同一连接区段内的纵向受拉钢筋接头面积百分率不宜大于 50%，纵向受压钢筋的接头百分率可不受限制。对直接承受动力荷载的结构构件，接头百分率不大于 50%。

（4）箍筋的末端弯成不小于 135°的弯钩，弯钩端头平直段长度不小于 10d（d 为箍筋直径）；柱箍筋的拉筋宜紧靠纵向钢筋并勾住封闭箍筋。

（5）板、梁、柱受力钢筋的锚固、搭接及梁柱节点均应满足抗震构造要求。

（6）轨顶排热风道、中隔墙、排烟风道钢筋净保护层最小厚度：30mm。

（7）钢筋性能要求：

1）抗震等级为一、二、三级的框架和斜撑构件（含梯段），纵向受力钢筋采用普通钢筋时，钢筋的抗拉强度实测值与屈服强度实测值的比值不小于 1.25；钢筋的屈服强度实测值与屈服强度标准值的比值不大于 1.3，钢筋在最大拉力下的总伸长率实测值不小于 9%。

2）钢筋的强度标准值应具有不小于 95%的保证率。

3）宜优先采用延性、韧性和焊接性较好的普通钢筋。

4）钢材的屈服强度实测值与抗拉强度实测值的比值不大于 0.85。

5）钢材应有明显的屈服台阶，伸长率不小于 20%。

4　轨顶风道施工分块及施工顺序、工艺流程

4.1　施工分块

以保证工程质量为前提，根据轨顶风道的结构长度及结构的形状来确定分块长度及施工缝的部位，以利于其结构施工的展开。轨顶风道结构采用分段、分部施工，施工分段原则以两块主体结构分段组成一个施工段进行安排，分段长度约 50m。垂直施工缝按规范设置在距支座 1/4～1/3 跨度范围内。轨顶风道的吊墙在主体结构施工时已完成一部分，仅剩余部分轨顶风道吊墙及底板，剩余吊墙及底板分两次施工，首先施工底板，之后施工吊墙，施工缝留设在风道底板面。在主体结构施工时已在轨顶风道顶部预埋下料管，混凝土浇筑时采用下料管进料方式，轨顶风道内部人工铲料整平。

4.2　施工顺序

合理安排与轨顶风道施工的交叉作业，在确保施工安全与质量前提下，再根据现场施工条件合理安排施工。优先施工左线轨顶风道，再施工右线轨顶风道。

4.3　施工流程

钢管支架搭设→预埋钢筋开凿→整体钢筋制作安装→风道底板模板安装→预留孔洞检查→验收→浇筑底板混凝土→安装吊墙模板→验收→浇筑吊墙混凝土。

4.4　钢筋、模板及混凝土施工

4.4.1　钢筋施工

（1）结构钢筋在加工厂按设计加工成型，运送至现场绑扎，预埋钢筋与后期安装的钢筋采用焊接连接。钢筋在钢筋加工厂制作受条件限制时，由盾构施工口或者楼梯口吊运至结构内，再由人工搬运至负二层就近进行加工安装绑扎。

（2）轨顶风道钢筋制作安装较为简单，要求与原来预留钢筋的按设计及规范要求进行焊接，严格按设计要求进行配筋，施工完成后必须按有关的设计图及规范要求进行验收。

（3）绑扎双层钢筋网时，钢筋骨架以梅花状绑扎，并布设足够数量的架立筋，保证钢筋位置准确。钢筋网片成形后不得在其上堆置重物。

（4）施工分缝处预留钢筋搭接长度并按有关规范要求错开。

4.4.2　模板施工

轨顶风道模板用胶合板制作，施工分块处垂直施工缝端头采用模板收口，下一个施工分块施工前对收口位置进行凿毛处理。

轨顶风道底板模板设置按主体结构的中、顶板模板安装的形式进行。吊墙采用压木及对拉螺栓相结合。为防止风道底板与主体结构侧墙节点位置混凝土出现烂根现象，模板安装后用水泥砂浆将模板脚部封闭。

拆模技术措施：

（1）拆模遵循后支的先拆，先支的后拆；先拆除非承重部分，后拆除承重部分的原则。

（2）现浇结构混凝土拆模时所需混凝土强度控制标准：梁板均按达到设计混凝土强度标准值的 100%控制。

（3）其他楼板在保证混凝土及棱角不因拆模板面受损时，方可拆除。

4.4.3　施工缝缝面处理

下一分块施工时，需用高压水对分缝处表面进行冲

洗，调直钢筋，在浇筑混凝土前对施工缝表面涂刷水泥浆（如果垂直施工缝端模采用易收口永久模板，则不必进行凿除浮浆的工序）。

4.4.4 预埋件及预埋留孔

预埋件及预留孔洞位置的准确程度直接影响到车站的使用功能和整体质量。预埋件及预留孔洞位置的精度控制技术贯穿于施工的全过程，预埋件及预留孔洞的施工技术措施如下：

（1）会审与土建施工相关的设备安装、建筑装饰、装修图纸，全面了解各类预留孔洞和预埋件的位置、数量、规格及功能，施工人员必须熟悉孔洞分布情况，防止施工过程中出现错漏。

（2）根据设计尺寸测量放样，并在基础垫层或模板上做明显标记。要求测量部门将每个孔洞及预埋件都使用测量仪器进行放样，确保每个孔洞、预埋件的位置与设计图纸相符。

（3）预留孔洞及预埋件应根据放样精确固定在模板上，并采用钢筋固定，确保预留孔洞及预埋位置不发生变形及位移。

（4）在混凝土浇筑过程中，严禁振捣器直接碰撞预留孔模型及各类预埋件。

（5）拆模后立即对预留孔洞及预埋件进行复查，确保其位置准确，否则立即进行修复。

（6）对已成型的孔洞进行围蔽、覆盖，以防机械碰撞、人员坠落。

4.4.5 支架施工

轨顶风道支架采用钢管脚手架搭设，搭设型式与主体结构中、顶板支架类似，但立杆间距较疏，满足风道底板及施工荷载承载力即可，搭设间距 1.2m×1.2m×1.2m，碗扣式模板支架顶板放设顶托，顶托上设置单钢管，钢管上设置方木，间距 30cm，搭设方式及间距如图 2 所示。

4.4.6 混凝土施工

（1）混凝土施工技术措施。左岭站轨顶风道采用商品混凝土，混凝土等级为 C35，搅拌车输送到现场，使用混凝土泵输送灌注入仓，设专人捣固。由于吊墙上部为结构中板，混凝土浇筑有一定难度，需由结构中板施工时留设的混凝土浇筑口向吊墙灌注混凝土。振动棒采用小径振动棒，由浇筑孔插入结构内。

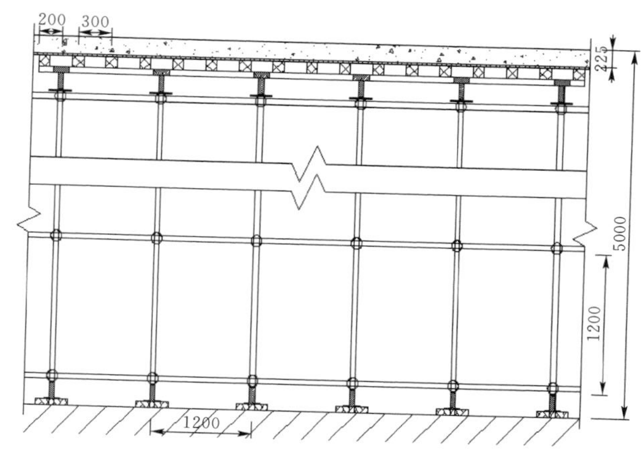

图 2　轨顶风道支架搭设示意图

（2）备足够量的木板（废模板）铺垫在绑扎好的钢筋上，以利行走和平仓振捣作业，浇筑完后将木板移走。

（3）浇捣采用加长软轴的插入式振捣器，逐点振捣，振捣点间距 30～40cm。振捣时，确保不漏、不过、不少。

（4）料点间距不超过 1.5m，使混凝土能够自然摊平。不得堆积下料用振捣棒平仓，以免混凝土分离。

（5）板面混凝土初凝后，进行压实、抹面、收光，终凝后用湿麻袋覆盖，定时洒水养护。

5　结语

左岭站车站轨顶风道施工工期紧张，经过两个月有序施工，左右线轨顶风道共计 442m 已全部完成，施工质量良好，满足计划工期和施工安全要求，可为类似工程提供参考并供同行借鉴。

政府和社会资本合作模式下电力建设企业转型发展路径分析

仵义平　滕怀凯/中国电力建设集团有限公司

【摘　要】国内电力投资下滑，电力建设产能过剩问题突出，如何有效利用产能、转移产能已成为电力建设企业面临的最紧迫的突出问题。电力建设企业应积极拓展国内基础设施市场、调整业务结构，通过PPP模式发展可带来长期现金流的业务、转型发展模式。中国电建的实践经验为国内电力建设企业结构调整、转型升级摸索出了发展新方向。

【关键词】电力建设企业　PPP模式　转型发展

1　国内电力投资面临的市场形势

1.1　国内电力建设市场需求不足

根据《国家能源发展“十三五”规划》，“十三五”期间我国电力装机年均增速将从“十二五”的9.5%下降为5.5%，必将使传统火电、水电投资大幅下滑。同时，提出推进优化能源结构为主的“供给侧结构性”，电力建设企业转型发展成为市场形势要求的必然。国内电力投资需求不足，且投资总体呈现下降趋势，电力建设企业面临生死存亡的选择。

1.2　政府积极推动PPP模式

2014年以来，我国政府积极推动政府和社会资本合作模式（以下简称“PPP模式”），是预算体制改革、供给侧改革、投资体制改革的主要抓手，也是稳增长的有效措施。《中华人民共和国预算法》于2014年8月修订，不仅完善了地方债务管理法律基础，也是政府积极推动PPP模式的基石。国务院印发《关于加强地方政府性债务管理的意见》（国发〔2014〕43号），加强地方债务管理，积极推动PPP模式，是国内推动PPP模式的起点。随后，财政部、发改委等国家部委出台了系列配套政策法规，明确了地方可以适度举债、保障PPP项目财政支付能力，对地方举债事项推行限额制。地方政府PPP项目财政支出能力与地方政府一般公共预算支出挂钩的机制，同时推广国家政策性银行支持PPP模式，并不断加强地方政府契约精神建设，保障PPP模式的顺利实施。PPP模式被认为对推进基础设施及公共服务的发展具有重要作用，在全世界的应用已经成为一种趋势。国际经验表明面向市场的政府采购行为已成为国际社会建设廉洁政府的主流模式。积极推动PPP模式已成为国家发展战略之一。

2　面临的发展机遇

2.1　中国仍将是全球最大的建筑市场

从国际来看，世界经济仍处在金融危机后的深度调整期，经济增长动力不足，发达经济体走势分化，新兴经济体增速放缓，但全球建筑业市场仍有较大发展空间。根据世界银行测算，预计到2020年，全球建筑业市场将达到12.7万亿美元。未来五年，全球建筑市场的增长主要集中在亚洲、中东和非洲等地区，其中，亚洲是重点区域市场。自2010年以来，中国一直是全球最大的建筑市场。

从国内来看，新型城镇化仍是中国经济发展的“发动机”之一。《国家“十三五”规划》GDP增速虽较

"十二五"有所降低，但仍保持在6.5%以上。2017年2月，国务院印发《关于促进建筑业持续健康发展的意见》。这是时隔32年后，国务院再次为建筑业发文，并指出建筑业是国民经济的支柱产业。据预测，建筑业将成为今后一段时期内各级政府保增长的重要抓手，到2020年全国建筑市场规模或将超过28万亿元。从国内建筑各行业发展趋势分析，在未来十年之内，中国仍将是全球最大的建筑市场。

2.2 国内PPP市场需求旺盛

国家推进新型城镇化建设，综合交通、市政工程等民生基础设施将迎来新一轮投资热潮。但随着国家投资体制的改革深入推进，在PPP模式下，政府主导、社会资本参与的新型投资关系已初步建立，国内基础设施建筑市场正在发生翻天覆地的变革。据财政部全国PPP中心数据，截至2017年3月底，全国入库项目共计12287个，投资额14.6万亿元，已签约落地2.9万亿元；据国家发展和改革委员会PPP项目库数据，传统基础设施领域PPP项目库共入库15966个项目，项目总投资15.9万亿元。据统计，全国各地方政府PPP入库项目已超过45万亿元。

3 面临的转型抉择

电力建设企业面对国内能源电力建设投资下滑、需求减少、产能过剩的突出问题，应把握好国内基础设施市场结构性机遇，把握好PPP模式为企业发展提供的转型机遇。

3.1 把握国内基础设施市场结构性机遇

任何一个国家，最大的单一客户都是政府当局。加快基础设施建设是提升城镇化物质基础的必然要求，是提升城镇化品质的必然要求。基础设施是政府应提供的最大的公共产品。各级地方政府是国内基础设施建设的主导者、积极推动者。电力建设企业应加强与地方政府的合作，加快推进重点省区建立战略合作关系的建立与实施，依托产业链一体化优势，积极参与区域重大基础设施建设，在为区域国民经济发展做出贡献的同时，也促进企业业务结构的调整，积极转型为重大基础设施投资建设运营商、城市基础设施综合开发服务提供商。

3.2 把握PPP模式发展的转型机遇

任何一个企业的发展，均应将能带来未来稳定现金流的业务作为优先发展的业务。对电力建设企业而言，这一点尤为重要。电力建设企业为我国电力事业的发展做出了突出贡献，但因历史原因，电力建设企业普遍具有积累不足、包袱过重，机会型业务多、长期可持续经营的业务少的显著特点。政府积极推动PPP模式，为电力建设企业转型发展和长期可持续经营业务提供了难得的历史机遇。PPP项目与政府合作期限一般超过10年，在合作期限内，PPP项目可为社会资本提供未来稳定的现金流。相对于使用者付费的PPP项目，政府购买服务、政府提供可行性缺口的PPP项目，社会资本承担的市场风险更有限，也必将导致此类项目的市场竞争更加激烈。

3.3 切实提高PPP融资及资产管理能力

PPP项目对社会投资人的融资能力、资产管理能力要求更高。低成本的融资能力、不增加负债的融资能力，已成为社会资本参与PPP项目的核心竞争优势之一。相对于设计、建设能力，电力建设企业在PPP项目的融资及资产管理能力偏弱。依赖传统间接融资、基金融资的成本较高，必将导致企业参与PPP市场的竞争能力下降。电力建设企业必须创新融资模式，降低融资成本，建立与适应性融资模式来适应竞争需求。同时，国家政策支持企业创新融资模式；例如，国家发展和改革委员会中国证监会《关于推进传统基础设施领域政府和社会资本合作（PPP）项目资产证券化相关工作的通知》，为社会资本创新融资机制、拓宽了PPP项目融资渠道。发行PPP项目专项债券募集的资金，可用于PPP项目建设、运营，或偿还已直接用于项目建设的银行贷款；国家政策性银行也建立了PPP专项基金，支持PPP模式推广；保监会也支持保险资金建立基础设施投资计划。

随着企业参与PPP项目的增多，必将带来PPP资产的快速膨胀，如何管好、管活PPP资产已成为企业可持续参与PPP项目的重要能力之一。一方面要加强组织建设。加快PPP资产集约化管理组织建设，适时组建PPP资产管理公司，统筹管理PPP资产，也是管好PPP资产的基本要求。另一方面充分利用资产证券化工具，盘活PPP存量资产。国家发改委《关于印发〈政府和社会资本合作（PPP）项目专项债券发行指引〉的通知》，为社会资本盘活PPP项目存量资产、加快社会投资者的资金回收提供了路径。这意味着，作为国家战略的PPP项目，获得了资产证券化这一融资渠道的大力支持。

4 中国电建发展实践

中国电力建设集团有限公司（以下简称"中国电建"）作为2011年国家电力企业改革重组成立的两大电力建设企业之一，具有"懂水熟电、擅规划设计，长施工建造，能投资运营"的全产业链优势和提供一体化解决方案的能力，是全球最大电力工程承包商。在2016年的财富世界500强排名200位；在2016年ENR全球工程设计企业150强和全球工程承包商250强的排位分别位列第2位和第6位（2015年度营业收入），在电力领域位列全球第一。

在国内电力投资下滑，水电、火电等传统电力业务市场萎缩的形势下，为加快业务结构调整、发展模式转型，中国电建顺应新型城镇化发展战略以及政府积极推动PPP模式的政策，已将基础设施建设作为企业“十三五”期间三大主业之一，把积极拓展国内基础设施市场、PPP业务作为促进企业业务转型的重要举措。先后中标了包括河北省太行山高速公路PPP项目（430亿元）、成都城市轨道交通18号线PPP项目（336亿元）等一批重大基础设施项目和综合管廊、海绵城市等新兴基础设施项目。截至2017年3月底，中国电建国内基础设施业务占比超30%；已中标的PPP项目约占全国PPP市场的10%，行业涵盖高速公路、市政（综合管廊、海绵城市）、轨道交通、园区开发等。国内基础设施与PPP业务已成为中国电建的主要业务之一；中国电建已成为国内PPP市场主要社会资本方之一。中国电建国内基础设施及PPP业务发展实践为电力建设企业业务结构调整、产业升级转型地走出了新道路。

5 结语

面对国内电力投资下滑，行业建设市场需求不足，同时国家深入推进投资体制的改革、积极推动政府和社会资本合作模式，国内基础设施建筑市场正在发生翻天覆地的变革。作为电力建设企业，必须要更加积极主动的顺应市场形势变化，充分发挥在电力建设领域积累的丰富经验，充分发挥企业的技术优势、管理优势、资本优势，更加积极主动的投身新型城镇化建设的历史潮流，在促进国家基础设施现代化的进程中推动企业实现更大的发展。

“十三五”期间中国电建水电业务发展的思考

邱志鹏/中国电力建设股份有限公司

【摘　要】 水电业务是中国电建的核心业务，在该领域中国电建具有国内市场领导力和全球市场竞争力。本文对中国电建水电业务的发展基础、外部发展环境、面临的问题进行了分析研究，就“十三五”期间中国电建水电业务发展思路、目标和重点任务，提出了一些个人的见解，供同行参考。
【关键词】 中国电建　水电业务　发展　任务

1　中国电建水电业务发展基础

中国电建长期深耕“水”“电”核心业务领域，奠定了国内乃至世界水电行业的领军企业地位，是中国水利水电建设标准制定者、推广者，占有国内80%以上大中型水电勘测设计和65%以上水电建设市场，占有全球50%以上大中型水利水电建设市场。

国内方面，“十二五”期间中国电建参与建成了溪洛渡、向家坝、锦屏一级、锦屏二级、仙游、惠州、呼和浩特等一批标志性大型、特大型水电工程。积极推动水电工程建设EPC模式，中标杨房沟水电站EPC总承包项目，这是我国水电建设领域继“鲁布革冲击”后又一次实现建设模式的重大创新。水电勘察设计咨询业务累计实现新签合同额373亿元，营业收入391亿元；水电施工业务累计实现新签合同额1320元，营业收入1722亿元。

国际方面，水电勘察设计咨询业务平稳，施工业务增长较快。其中水电勘察设计咨询业务新签合同额从2011年的11亿元增长至2015年的13亿元；营业收入从2011年的3.6亿元增加至2015年的7.8亿元。水电施工业务新签合同额从2011年的272亿元增加至2015年的496亿元；营业收入从2011年的131亿元增加至2015年的190亿元。

2　“十三五”时期水电业务发展的外部环境

“十三五”时期，按照习近平总书记“四个革命、一个合作”的总体要求和创新、协调、绿色、开放、共享的新发展理念，我国将深入推进能源革命，着力推动能源生产利用方式变革，优化能源供给结构，提高能源利用效率，建设清洁低碳、安全高效的现代能源体系，维护国家能源安全。

2.1　常规水电方面

国内市场，“十三五”时期我国将加快建设龙头水电站等优质调峰电源，以西南水电开发为重点，开工建设常规水电6000万kW。根据水能资源区域分布特点，西南地区以四川、云南、西藏为重心，以重大项目为重点，全面推进大型水电能源基地建设；西北地区优化开发黄河上游水电基地；东中部地区优先开发剩余水能资源，优先挖潜改造现有水电工程；加强流域梯级水电站群联合调度运行管理。

国际市场，全球水电装机开发程度截至2015年约为26%，其中欧洲、北美洲、南美洲、亚洲和非洲水电有效开发程度分别为54%、39%、26%、20%和9%。经济发达国家水能资源开发已基本完毕。剩余部分主要集中在开发程度低的亚洲、非洲和南美洲，“一带一路”沿线65个国家是重点区域，国际水电仍有较广阔的发展前景。

2.2　抽水蓄能方面

国内市场，“十三五”时期我国将加快建设抽水蓄能电站，规划开工建设6000万kW。落实国家已批准的22个省（自治区、直辖市）抽水蓄能电站选点规划，加快推进59个推荐站点和部分备选站点的前期工作并做好项目核准开工和建设工作。根据部分省（自治区、直辖市）需求，加强和加快相应省（自治区、直辖市）的抽水蓄能规划滚动调整工作。

国际市场，东南亚区域的印尼、越南和泰国抽水蓄能电站建设已经启动。非洲绝大多数国家处于解决用电需求为主的阶段，未来10～20年间发展空间较大。东欧的俄罗斯、波黑、罗马尼亚等国家正在开展蓄能电站的前期论证工作。拉美地区水资源较丰富，系统调峰能力较强，随着核电和新能源的加入抽水蓄能电站是其下一步发展的重点。

3 “十三五”时期水电业务发展面临的问题

3.1 国内常规水电可开发量逐年减少，开发难度加大

待开发的水能资源主要集中在“三江”上游和雅鲁藏布江流域，存在地理位置偏远、地质条件复杂、电力外送困难、材料进场成本高，所在地区生态环境脆弱、移民安置复杂等特点，开发难度加大。由于经济增长放缓、电力相对过剩，加之水电外送通道建设落后于电源建设步伐，四川、云南的弃水问题凸显，已影响到电源公司的投资热情和开工目标。

3.2 企业同质化竞争普遍存在，全产业链优势未充分发挥

由于历史原因，加之市场萎缩，导致有限水电建设市场同质化竞争越来越严重，差异化互补不足。同类型业务方面，中国电建水电企业间合作少、竞争多，无序竞争和恶性竞争时有发生。

中国电建具备水电业务的全产业链能力，但产业链一体化优势没有得到充分发挥，主要表现为上下游衔接不强，业务联动、产业链协同不足，削弱了整体价值创造能力。

3.3 传统业务市场逐渐萎缩，水电企业转型发展仍较困难

随着传统水电业务的逐渐萎缩，水电企业特别是水电设计企业的转型发展越来越紧迫，虽然在“十二五”期间作了大量的努力和探索，但构筑设计企业的非电产业服务和营运核心的目标和路径尚在探求建立中，规模效应尚未体现，行业形势留给的转型窗口越来越短，转型任务仍十分艰巨。

4 “十三五”时期中国电建水电业务发展思路和目标

4.1 发展思路

水电业务高度契合能源电力产业清洁化发展方向，要须继续巩固和扩大市场占有率。“十三五”期间，要继续发挥“懂水熟电、擅规划设计、长施工建造、能投资运营”的核心优势，继续深耕水电市场，巩固核心业务领先地位，贯彻实施规划先行战略，发挥规划引导市场需求的功能，打造全产业链一体化集成服务能力，积极向水资源和环境业务和国际市场转移优势产能。

4.2 发展目标

“十三五”期间，常规水电开发呈下行趋势，抽水蓄能开发呈较快发展态势，总体来讲，水电开发呈稳步发展的趋势。展望到“十四五”，受开工项目的不确定性因素的影响，常规水电和抽水蓄能在建规模将急剧下降。

“十三五”期间，要继续保持中国电建的市场份额不降低，国内水电设计市场份额要保持在80%以上，水电施工市场份额保持在65%以上。国内外水电水利勘测设计新签合同目标为370亿元，水电承包新签合同目标为4100亿元。

5 “十三五”时期中国电建水电业务发展的重点任务

5.1 为流域规划审批提供有力技术支撑

常规水电方面，目前已完成流域规划但未通过批复的主要有怒江干流、雅砻江上游、通天河等其他干流和支流，制约了水电开发节奏。中国电建所属水电规划总院作为国家委托的河流水电规划具体实施单位，要按照国家计划要求协助推进规划的审批的工作，各大水电设计院为规划编制和审批工作提供有力技术支撑。

抽水蓄能方面，国家或将在“十三五”期间推动新一轮的抽水蓄能规划选点或者部分地区开展规划调整工作，水电设计企业创造条件，积极向国家能源局、省发改委、省能源局汇报，与电网企业充分沟通，为抽水蓄能规划滚动修编工作提供技术和服务支持。

5.2 高度重视水电项目前期勘察设计工作

为落实国家《水电发展“十三五”规划》，要加紧推进规划内项目的前期工作，重点做好金沙江白鹤滩、龙盘、岗托，黄河茨哈峡等常规水电站，河北抚宁、浙江宁海、辽宁清原等抽水蓄能电站的勘测设计、方案研究、优化设计等工作，坚持节约集约用地，合理控制工程造价，提出科学合理的工程建设方案。随着水电建设模式的变革，为满足EPC模式或施工总承包的招标需要，根据项目具体情况加深水电前期工作深度。

5.3 积极引领水电工程建设模式变革

认真贯彻建设部等六部委《关于加快建筑业改革与发展的若干意见》精神，争取在抽水蓄能电站、金沙江

上游梯级电站中积极推进 EPC、施工总承包等建设模式，水电施工成员企业应大力提升施工总承包能力建设，积极促成项目落地。

5.4 不断提高水电工程建设技术水平

要以重大工程为依托，重点开展高寒高海拔高地震烈度复杂地质条件下筑坝技术、高坝工程防震抗震技术、高寒高海拔地区特大型水电工程施工技术、超高坝建筑材料等技术攻关，提升水电勘测设计施工技术水平，服务工程建设。依托茨哈峡水电站研究创新 250m 级面板堆石坝筑坝技术，依托双江口和两河口水电站研究创新 300m 级心墙堆石坝筑坝技术，依托白鹤滩水电站研究提升强震多发区 300m 级拱坝及大型地下洞室群关键技术。

5.5 努力加快水电企业能力建设

“十三五”时期，要以水电业务优势多元的增量市场和海外市场为引擎，加强水电企业能力建设。一是贯彻规划先行的市场策略，把客户主动提供行业、专业、区域和重点国别的规划服务作为市场营销高端切入的重要手段，实现从传统的项目营销向区域化、专业化、一体化的主动式综合营销转型升级。二是加强产业链一体化协同，继续发挥“懂水熟电”的核心竞争优势，打造全产业链一体化集成服务能力。

5.6 大力推动水电优势产能向海外转移

国家“一带一路”战略的实施，为中国电建水电业务“走出去”提供了更加广阔的舞台。“一带一路”沿线的东南亚、非洲和南美洲国家，水电开发程度较低，要发挥中国电建在水电领域的品牌、技术、标准和全球经营网络优势，运用“高端切入＋规划先行＋投融资推动”的模式，大力开拓国际水电市场，转移水电优势产能。同时要大力推进中国水电标准走出去，积极参与国际标准制定，以标准走出去引领水电业务走出去。

5.7 努力将“中国水电”打造成国家名片

“十三五”时期，国家将进一步加快实施走出去战略，鼓励企业参与境外基础设施建设和产能合作，推动铁路、电力、通信、工程机械等中国装备走向世界。国务院国资委已启动第三张国家名片选评工作，“中国水电”在第一轮投票中位列第二。“中国水电”走出去的早，国际影响大，建成的标志性项目多，社会知名度高。中国电建要继续跟进，积极向国家相关部门汇报，加强与兄弟央企和相关媒体的沟通，力推“中国水电”成为第三张国家名片。

6 结语

水电业务是中国电建的核心业务，是中国电建生存发展、优势多元和转型发展的基础，是核心竞争能力之所在。面对新时期新的形势，要继续加强业务能力建设、努力提高工程建设技术能力、积极引领建设模式变革、大力向海外转移优势产能，确保国内市场份额只增不减，确保国际市场规模不断扩大，为把中国电建建设成具有国际竞争力的质量效益型世界一流综合性建设投资集团提供坚强业绩支撑。

浅析印尼IPP燃煤电站购电协议中的电价结构和电费计算规则

陈　琛/中国电建集团海外投资有限公司

【摘　要】 印尼IPP燃煤电站购电协议中采用的电价结构，是标准的“两部制电价”结构，使用的电费计算规则由欧美公司设计，经多年的实践和升级，已被许多国际电力投资商所熟悉和认可。近年来希望在印尼投资火电行业的中国企业越来越多，而上网电价又是购电协议中最重要的一部分，所以有必要将上网电价的计算过程理解清楚。这样一来，一方面便于市场开发人员对目标项目的情况进行初步判断；另一方面也便于商务人员在购电协议的谈判中争取到更为有利的条件，从而为投资人获得更大的利益，规避风险。

【关键词】 印尼　燃煤电站　电价　计算

1　引言

印度尼西亚电力短缺问题显著，已经严重制约印度尼西亚经济发展。新总统佐科就任后，提出2015年到2019年GDP年增长7%的经济发展目标。据此要求，印尼能源矿产部制定相应电力规划，计划5年内在全国新增装机35000MW，其中主要将通过燃煤电站的形式，与独立发电商（IPP）签署购电协议，引入私营资本投资开发电站来完成。

近年来，结合印尼国内的市场需求，同时响应我国政府大力倡导的“一带一路”战略规划，由中国企业主导在印尼的电力投资项目越来越多，理解好印尼燃煤电站的“电价结构”和“电费计算规则”，对项目未来的成败，至关重要。

2　“两部制电价”的基本概念

“两部制电价”通常指的将总电价分为容量电价与电量电价两部分，其中，容量电价是指买卖双方，按照约定的电厂可靠净容量作为计算依据，由售电方与购电方签订购电协议，确定电厂的发电能力，定期固定收取电费。通常情况下容量电价对应的发电收入，不以实际发电数量为转移。电量电价，则是根据售电方实际发电度数量，来计算电费的基础电价。

印尼燃煤电站的上网电价，通常分为A、B、C、D、E五个部分（图1）。

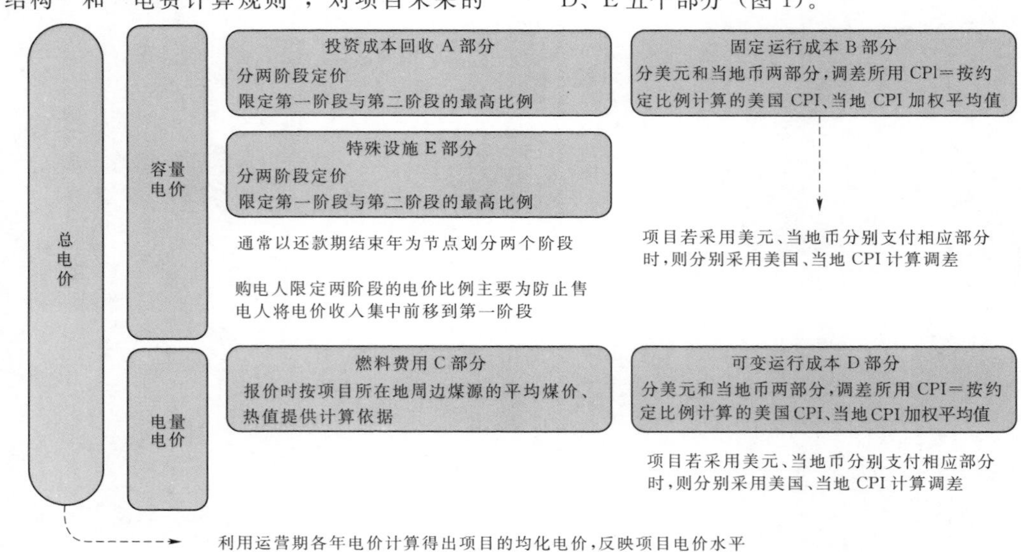

图1　电价结构

3 构成电价的基本参数

3.1 电价中涉及的通用参数

3.1.1 核心参数

contract capacity（简称 *CC*）——电厂可用容量。

net dependable capacity（简称 *DC*）——电厂可靠净容量。

availability factor（简称 *AF*）——电厂可用系数。

period hours（简称 *PH*）——总时间。

rupiah to USD（简称 *RD*）——印尼币兑换美元的汇率。

scheduled maintenance（简称 *SO*）——用于计划维修的年度补贴时间。

3.1.2 角标参数

m——第 m 个计费周期。

a——实际的对应状况。

p_m——计划可用能力的对应状况。

w——计费周期内加权计算。

3.2 容量电价中反映投资成本回收 A 部分电价涉及的个性参数

penalty（简称 *PP*）——罚金。

capital cost recovery（简称 *CCR*）——资本成本回收率。

3.3 容量电价中反映固定运行成本回收 B 部分电价涉及的个性参数

operation & maintenance recovery（简称 *OMR*）——运行维护成本回收率。

fixed operation & maintenance recovery（简称 *FOMR*）——固定运行维护成本回收率。

FOMRf——固定运行维护成本回收率——跟随美元物价指数定期调差。

FOMRl——固定运行维护成本回收率——跟随印尼币物价指数定期调差。

3.4 电量电价中反映可变运行成本回收（燃料费用）C 部分电价涉及的个性参数

specific heat rate（简称 *SHR*）——热耗值。

energy charge rate（简称 *ECR*）——热量转换率。

higher heating value（简称 *HHV*）——煤炭的高位发热量。

price（简称 *P*）——煤炭的到厂价格。

3.5 电量电价中反映可变运行成本回收 D 部分电价涉及的个性参数

operation & maintenance recovery（简称 *OMR*）——运行维护成本回收率。

variable operation & maintenance recovery（简称 *VOMR*）——可变运行维护成本回收率。

VOMRf——可变运行维护成本回收率——跟随美元物价指数定期调差。

VOMRl——可变运行维护成本回收率——跟随印尼币物价指数定期调差。

3.6 容量电价中反映投资成本回收（输电线路）E 部分电价涉及的个性参数

capital cost recovery transmission（简称 *CCRT*）——资本成本中输电线路部分的回收率。

4 电费计算规则

印尼 IPP 燃煤电站电费计算的核心原则，可概括为“公允条件，煤电联动，照付不议”，细分到每一个单项电价计算，通常又要分为三种情况。

4.1 $AFa > AFpm$ 当实际可用系数大于售电方的申报可用系数

售电方除获得全额电费支付外，同时将得到以超发电量为计算基数的额外奖励。

4.2 $AFa = AFpm$ 当实际可用系数等于售电方的申报可用系数

售电方会获得全额的容量电费和电量电费。

4.3 $AFa < AFpm$ 当实际可用系数小于售电方的申报可用系数，分为两种情况

4.3.1 售电方原因造成的电量欠发

售电方将会基于欠发电量，而受到购电方给予不超过实际发电量 10%的惩罚，可以理解为除了售电方无法全部拿回正常的发电收入外，还要无条件接受由于欠发而导致的罚款。

4.3.2 购电方原因造成的电量欠发

购电方将按照“或取或付”的原则，向售电方全额支付申报可用系数对应的电费收入。

当然上述两种情况，无论测算奖励或者罚金，都是以 A 部分电价为基础，与其他四部分电价并不关联。这其实就隐含着一个道理，在整个 5 部分电价细分当中，A 部分电价的比重最大，也最为重要，投资人能否按照投资计划收回投资成本，能否有机会获得超预期收益，都将体现在 A 部分电价所对应的电费收入当中（下文详述）。

5 电费计算规则解析

5.1 A 部分电价对应的电费计算公式（图 2）

（1）$Am = DC \times (PHm / PHa) \times CCRm \times AFa$

(2) $Penaltym=DC\times(PHm/PHa)\times CCRm\times AFpm\times(AFpm-AFa)$

(3) $Am=DC\times(PHm/PHa)\times\{CCRm\times AFpm+CCRa\times(AFa-AFpm)\}$

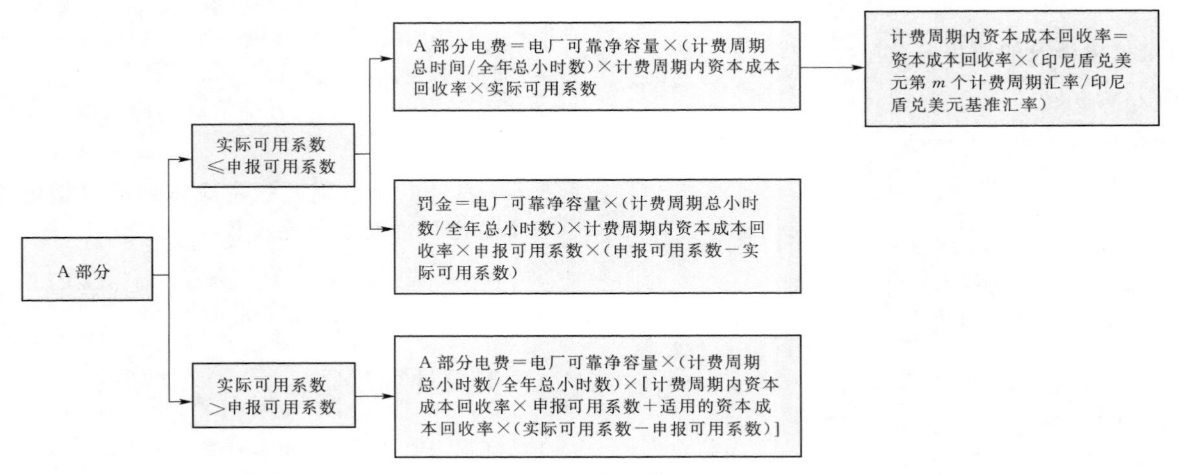

图2　A部分电价构成

A部分电价（图2）属于容量电价，反映的是投资人成本投入以及预期利润的回收，在总电价中所占据的比例最大。值得注意的是，购电方同时将“超发奖励”和“欠发罚金”都与A部分电价建立起了关联关系，例如，在$AFa>AFpm$的情况下，$CCRa$的超发奖励将只能取CCR的50%（购电方强制规定），即超发部分，只能获得对应超发电量一半的A部分电费收入；同时由于售电方自身原因导致$AFa<AFpm$的情况下，Penaltym罚金也是针对欠发电量的罚款，而罚款总额的上限，控制在对应当期电费收入Am的10%以内。

从上述规定中，我们不难看出A部分电价对于整个项目的重要性，所以如何确定好合理的A部分电价，对于整个项目的成本回收和投资收益保障至关重要。

5.2　B部分电价对应的电费计算公式（图3）

(1) $Bm=DC\times(PHm/PHa)\times(FOMRfm+FOMRlm)\times AFa$

(2) $Bm=DC\times(PHm/PHa)\times(FOMRfm+FOMRlm)\times AFpm$

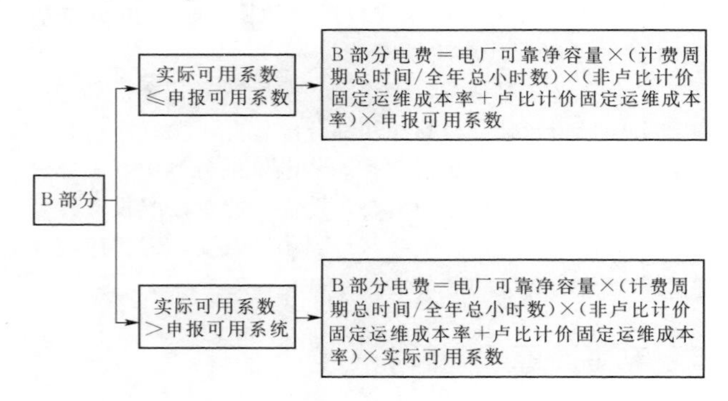

图3　B部分电价构成

B部分电价（图3）属于容量电价，宗旨是售电方拥有保证发电能力的情况下，根据申报可用系数，来进行电费计算。如果出现超发情况，售电方只能享受，对应申报可用系数的B部分容量电费。购电方在该项固定运行成本中，设置了“调差机制”，将固定运行维护成本率$FOMR$，按照美元和印尼币50%：50%的比例平均分成了两部分即$FOMRf$和$FOMRl$，并同时分别随美元物价指数和印尼币物价指数定期调差。

5.3　C部分电价对应的电费计算公式

$$Cm=Ea\times(SHRw/SHRcc)\times[SHRcc\times(1/HHV)\times Pm]$$

式中　Cm——属于电量电价，反映的是燃料供应成本，执行的是“转移支付”原则；

Ea——当期实际的发电量；

$SHRw$——当期内的加权热耗值；

$SHRcc$——基于可用容量的热耗值；

Pm——计费周期内的燃料（煤炭）采购价格。

5.4　D部分电价对应的电费计算公式

$$Dm=Ea\times(VOMRfm+VOMRlm)$$

D部分电价属于电量电价，宗旨是按照售电方的实际发电量，来进行电费计算。购电方在该项可变运行成本中设置了“调差机制”，将可变运行维护成本率$VOMR$，按照美元和印尼币25%：75%的比例分成了两部分即$VOMRf$和$VOMRl$，并同时分别随美元物价指数和印尼币物价指数定期调差。

5.5　E部分电价对应的电费计算公式（图4）

(1) $Em=DC\times(PHm/PHa)\times CCRTm\times AFa$

(2) $Em=DC\times(PHm/PHa)\times CCRTm\times AFpm$

E部分电价（图4）属于容量电价，是售电方拥有保证发电能力的情况下，根据申报可用系数，来进行电

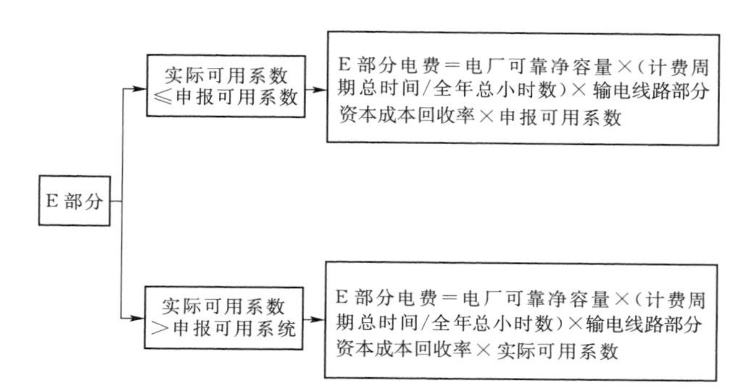

图 4　E 部分电价构成

费计算。如果出现超发情况，售电方只能享受，对应申报可用系数的容量电费。

6　公式的中的“波动”概念

（1）时间波动换算——PHm/PHa，在计算电费时，通常时间跨度较大，要分成多个计算周期然后汇总，这种设置时间波动的目的，就是把以年为单位的计算周期换算成以计费周期为单位的时间。

（2）汇率波动换算——RDm/RDa，在计算电费时，通常时间跨度较大，不同计费周期内的汇率是不一样的，考虑到目前印尼电力投资项目的电费支付都以印尼币结算，所以不能只以基准汇率来做参考，而要将汇率波动风险考虑进来。

（3）CPI 波动换算——$CPI/CPIb$，在计算电费时，通常时间跨度较大，不同计费周期内的 CPI 物价指数是不一样的，所以不能只以基准 CPI 来做参考，而要将 CPI 的波动风险，通盘考虑进来。

7　结语

印尼政府的购电协议范本，发展到今天已有接近 20 年的历史，购电协议中的电价结构和电费计算规则，逻辑严谨，公平合理，具有较好的操作性，并受到国际电力行业的广泛认可。理解并运用好印尼燃煤电站购电协议中的“电价结构”和“电费计算规则”，对未来中国电力投资企业在印尼进一步开展投资业务，获取利润，规避风险具有较强的指导意义。

企业首次承接海外工程面临的问题及应对措施

涂胜华　杨　超/中国电建集团江西省水电工程局

【摘　要】 随着我国"一带一路"战略的深入执行和向前推进，越来越多的企业特别是建筑施工企业开始走向海外。但海外并不是遍地黄金，区别于国内市场，地缘政治、语言、国际人才、管理方式等都是企业首次走出去必然会面临的问题。如何采取合理的应对措施，尽量减少以上因素对海外施工带来的不利影响，本文以自己所在企业的实践总结，给大家提供一些参考和借鉴。

【关键词】 "一带一路"　建筑施工　海外工程　措施

1　引言

江西省水电工程局（以下简称"江西水电"）成立于1956年，是一家有着60多年历史的综合性施工企业，专业范围覆盖基础处理、土建施工、金属结构制作安装、输变电施工、装潢、消防、预拌混凝土等领域。凭着企业长期不懈的坚持和专业化发展的战略引领，江西水电在土建、输变电等领域的专业施工能力，名列国内施工企业的前列。

2011年9月，随着国家电力体制改革的进一步深化，江西水电由国家电网划归中国电力建设集团（以下简称"电建集团"或"集团公司"）管辖。电建集团是海外能源及建筑市场的先行者之一，是我国"一带一路"战略执行的重要力量。在电建集团国际业务战略的引领下，江西水电积极准备，长期派人服务集团的海外业务平台公司，积极对接江西省国际业务平台企业，多渠道跟踪海外业务信息。2014年，山东电力基本建设总公司（以下简称"SEPCO"）将他们在沙特承接的MGS燃气增压站一期EPC总承包项目的土建施工委托项目江西水电实施。委托管理采用成本加酬金模式，使该项目的施工顺利进行，项目进展和管控效果得到业主的高度赞誉。

2　基本情况

2.1　工程概况

沙特MGS燃气增压站一期项目位于沙特首都利雅得周边地区，工程建成后将使东气西输线路的日输气能力从84亿立方英尺提升至96亿立方英尺，满足沙特西部的国王经济城建设以及多个大型燃气电站项目的用气需求，将大幅减少西部经济带对石油能源的消耗量，对于促进沙特西部经济发展、提升沙特石油出口能力、改善沙特环境质量具有至关重要的意义；项目分为3号站和5号站两个站，分别安装7台和5台燃气增压机。

2.2　管理模式

沙特MGS燃气增压站项目不仅是江西水电第一个深度参与的国际项目，也是总承包单位SEPCO第一个自行组织全过程实施的国际EPC项目。业主是世界知名的沙特阿美石油公司，沙特阿美公司拥有自己一套高于国际通行的标准体系。多年来，只有少数国际化水平较高的欧美和日韩公司具有承接阿美项目的资格。从某种意义上来说，阿美标准代表着世界工程领域的最高标准。任何一个企业如果能够适应阿美的标准体系，也就具备驾驭全球市场的能力，是一个典型的高端市场和欧美标准项目，对承包商的综合能力要求非常严格。

鉴于项目的特殊性和高标准，作为总承包的SEPCO，通过组建项目联合项目部方式，将土建施工委托给了江西水电实施，安装施工委托给河南工程公司实施。以深度融合三家企业的管理力量，更好地发挥各自专业特长，形成利益共同体和生命共同体，为项目的顺利履约奠定了良好的基础。

2.3　项目的管理成果

沙特MGS项目自2014年11月开工以来，经历了约半年多的摸索和尝试，逐步建立和完善了项目管理模式，充分发挥各自的管理和专业特长，其中江西水电所参与的建筑工程施工管理获得了广泛的好评。在2015年9月1—15日，仅用了15天就完成了两个站共12台压缩机基础的浇筑工作，创造了阿美工程项目的奇迹，一举扭转了阿美管理团队对中国公司的偏见，为后续各个里程碑节点的顺利完成打下坚实的基础，为中国公司、中国电建和SEPCO在沙特乃至中东区域赢得了良好的赞誉和口碑。正是基于项目的完美履约表现，2015年9月，业主阿美石油又将二期项目授予了SEPCO，切实发挥了以现场带动市场的优势。

电建国际中东区域总部高度赞扬MGS项目是集团公司在中东高端市场的标杆项目，对江西水电的履约表现充分认可。总承包方SEPCO对江西水电在MGS项目上的履约表示非常满意，高度评价江西水电现场管理团队的表现，并将二期项目的部分土建施工分包给了江西水电，同时也表达了在更多项目上与江西水电继续携手合作，共创未来的意愿。

3 主要收获

通过沙特MGS项目的出色表现，江西水电为今后在国际市场的开拓方面不仅储备了人才，同时也积累了经验，其主要收获如下：

一是培养了国际化的经营管理人才。通过项目的历练，项目员工中有40多人通过了项目部组织的英语能力测试考评，有18人被总承包单位借用参与到EPC的管理工作。这些人英语能力可满足国际项目的管理需要，已经成为企业当前国际工程的业务骨干。

二是积累了国际工程项目的管理经验。MGS项目是个典型的高端国际EPC项目，项目规模大且采用欧美标准，通过深度参与该项目，为企业积累了宝贵的国际工程项目管理经验。

三是为后续海外市场的开拓打下了基础。通过MGS项目的良好履约，赢得了总承包单位和集团公司的认可和信任，为江西水电进一步开拓沙特乃至中东市场奠定了良好的基础，同时掌握了沙特市场的资源和价格等信息，也便于后续项目的投标测算和履约的风险管控。

四是开阔了视野，创新了思维。江西水电在MGS项目上的履约虽然仍属传统的施工分包和土建专业管理，但管理内涵却和国内项目有很大不同，技术标准、分包队伍等均与国际化深度接轨，让广大经营管理人员拓展了国际项目管理的视野，产生了国际工程管理的新思维。

五是坚定了国际化发展的信念和信心。虽然江西水电国际化的发展道路起步晚，人才基础较为薄弱，但通过该项目的成功履约，找到契合企业国际化发展的方向和目标，更加坚定了企业国际化发展的理想信念。

4 存在的主要问题

通过MGS项目，虽然取得了一些的成绩，锻炼了一批国际化人才，但我们清醒地认识到，江西水电的国际业务目前仍处于初始阶段，依然存在很多亟待解决的问题。

4.1 国际工程项目管控体系仍不完善

由于沙特MGS一期项目的特殊性，江西水电现场的管理是依附于总承包方的体系的，二期虽摸索出了一些管理经验，但并未形成一套完整的国际工程项目管理体系。

一是没有有效的国际工程项目质量、安全、物资采购、商务合同、效能监察、党的建设等管理体系。局总部各部门在国际工程项目管理中的职责和定位不清晰，国外项目部与国内本部各部门的沟通联系互动较少，总部各部门、各专业厂游离于海外项目管理体系之外，与海外项目衔接不够。

二是缺少江西水电层面对国际工程项目管理的策划。沙特项目部制定的一些管理办法仅限于在项目部使用，并未统筹和提高至整个企业层面，导致后续其他国别项目的履约又需要单独制定相关的制度文件。

三是国际项目风险管控比较薄弱。当前国际工程项目的风险管控还是停留在项目部层面和少数关键岗位人员手上，对各个国别风险缺少系统性分析和预防控制措施。

4.2 国际化经营管理人才稀缺

沙特MGS项目虽然为江西水电培育了一些国际工程项目管理人才，但整体数量不多，高端人才稀缺，尤其是商务、法律、技术、采购物流等对语言能力和综合素质要求较高的高端人才。其主要原因一是受限于目前海外项目仍处于产业链最低端的施工分包，难以提供高端人才的培养平台和培育环境；二是由于国际化管理人才储备不足，长期处于国内施工承包的业务范畴，阻碍了国际化人才的培养和储备。

4.3 全局性的国际化思维尚未形成

沙特MGS项目虽然已经实施超过两年的时间，但与国内的管理界线依然较为明显，国际业务仍然是极少人的事情。江西水电大多数人对海外项目的认识不够，全局性的国际化思维方式尚未形成。

一是本部及专业公司到项目实地考察和学习的较少。到目前为止，仅有少数几个部门和领导去过海外项目，造成对江西水电海外发展的整体认识不足。

二是对国际业务的宣传不够。没能制定专项的宣传报道方案，而且报道仍然是以传统的项目施工进度为主，未能将项目的技术标准、管理经验等高含量的信息有效传导到国内来。

三是对国际业务知识等各方面的培训不够。无论是江西水电还是项目部，均未能组织相关国际业务知识的培训，造成各方面对国际业务的认知不足。

5 应对措施

5.1 以战略引领实施国际化发展

一是要做好江西水电国际化发展的规划和策划，教育引导员工坚定国际化发展战略不动摇，强化员工战略导向意识；二是强化落地项目的履约，以现场带动市场，切实干好境外在建项目，树立企业的良好形象，逐步提升企业的竞争力和影响力；三是做好海外项目的风险防控工作，适度控制经营规模，避免不顾自身的实际发展情况，在国际市场开发过程中盲目追求业绩的冒进做法，稳步推进江西水电海外业务健康稳定发展。

5.2 逐步建立完善国际工程项目管控体系

当前，需要江西水电全员参与，制定和完善国际项目管理的流程制度；要分解阶段性目标，完善国际工程项目体系建设；建立健全国际项目管控体系和国际项目风险管控体系，完善项目的考核机制和管控流程，让企业在国际化发展道路上有强有力的制度保障。

5.3 加强国际化经营管理人才队伍建设

一是随着国际业务规模的扩大，可以考虑推行境内外管理岗位人员定期轮岗制度，使境内境外员工实现双向互动；二是针对海外项目急需的人才，拓宽思路，放宽政策限制，积极利用社会资源，多渠道引进、吸收和招聘人才，满足海外项目需要，助力海外项目经营，不断拓宽市场；三是加强后备人才的培训和培养力度，形成相对稳定的海外人才队伍；四是加强员工语言、技术标准、项目管理、商务法律等业务知识的培训，规避和化解海外市场开拓和履约风险。

5.4 深耕成熟市场，做好区域经营

一是做好在建项目的履约工作，以现场促市场，优化市场的资源配置，为江西水电今后的海外市场稳定输出打好基础；二是根据电建集团海外业务布局管理办法，做好市场的前期布局和调研工作，控制好投标和履约风险，积极做好对接工作，力争在其他国别将有所突破。

5.5 探索国际业务拓展，促进战略升级

一是做好人才储备工作，通过内部培养和外部引进等方式，力争培养出国际工程技术、商务、采购物流、项目管理等高端领军人才；二是积极主动研究国际标准、合同、规范和项目管理方式，为国际EPC、BOT等高端发展做好技术储备；三是不断学习和总结集团国际业务先进单位的经验做法，拓展江西水电国际业务发展路径，逐步向产业链的上游延伸，促进国际业务拓展和战略升级。

6 结语

国际化发展是一项长期的、系统性的艰巨任务，尤其是在企业国际化发展的起步阶段，会面临各种复杂的局面和各样的问题，需要企业需要充分协调内部资源，引进外部资源，激发活力，解放思想，创新思维，坚定不移的实施国际化发展战略不动摇，以中国电建国际优先战略为引领，发挥企业自身技术和管理优势，创出国际业务的新业绩，实现企业发展新跨越。

浅谈信息化综合项目管理平台的建设与应用

李晓光　樊海燕　沈建利/中国水利水电第三工程局有限公司

【摘　要】 本文介绍了中国水电三局自主研发的“综合项目管理平台（IIS）”建设历程及取得的成效。综合项目管理平台经过多年的创新与发展，已形成了以项目全过程管理为核心、覆盖“总部-分局-项目部”，具备完善的软件架构及业务逻辑、具有自主知识产权的协同工作平台。目前已纳入平台管理的项目80余个，项目上线率及覆盖率达到95%。

【关键词】 信息化建设　综合项目管理平台

1　建设背景

中国水利水电第三工程局有限公司（以下简称“水电三局”）信息化建设在2011年经过特级资质就位工作以后，工作重心由“保特”向以提升企业项目管理标准化能力转变。

为有效提高项目现场管理能力，水电三局通过综合项目管理平台的构建与应用，借助信息化先进手段，对大型建筑企业实现对所属在建项目的现场管理、提升企业的管控能力、加快企业转型升级进行了有益的探索与创新。

2　建设目标

2.1　文档与数据管理信息化

以工程项目的全生命周期为对象，全部信息实现无纸化。建立存储所有工程信息的数据库以及与工程紧密相关的知识库，便于共享和利用。

2.2　信息沟通信息化

一是建立基于互联网的管理信息系统，利用网络以及电子介质进行信息的提交和接收。

二是建立交流协作平台，使各方可以在远程进行交流，及时解决问题。

三是建立材料和设备数据库，通过统一询价、招标、订货，降低采购成本和管理成本。

2.3　过程控制信息化

建立实时监控系统，实现远程专家咨询、遥控指挥工程现场。

3　建设规划

综合项目管理平台（IIS）以工程项目管理为中心，提高项目运作质量、降低项目管理成本为目标，提高业务数据加工和分析能力，结合企业不同时期信息化发展需要，分步实施。

第一阶段建设主要工作为基础数据调研和流程再造，特别是通过对标杆业务的流程梳理与再造，建立信息化平台，加强信息化宣传和指导，使所有员工了解和认同信息化，并在此基础上调动全员参与信息化。首先以信息化标准建设为基础，完成业务编码、数据表单样式、基础资源信息等基础数据调研，对业务编码进行标准化建设后，可形成企业标准数据，并进一步提供查询、电子档案保存及数据分析功能；其次以风险管控为目的、流程再造为手段，分析各项业务流程，通过流程再造，完善企业各项业务流程梳理，并通过信息化平台，促使标准的统一与可执行。流程再造与平台建设均是一个长期的过程，不可能一步到位，应尽可能发挥标杆业务带头示范作用，以点带面，确保稳步推进。

第二阶段围绕项目管理整体业务发展，以合同为主线、进度为依据、成本为控制进行项目标准化和业务关系建设。结合第一阶段建设基础，以标杆业务为点，对涉及项目管理的关联业务进行辐射拓展，通过关联业务调研和业务逻辑梳理，形成标准化体系手册。以标准化体系手册为参考，对信息化平台进行业务模块拓展开发，形成涉及项目管理主要业务领域、功能完善的信息化平台，从而实现业务数据相互关联，基础数据自动调取，交叉业务相互制约以及实现全面风险管控。

第三阶段主要是加强基础业务数据加工和分析，建设决策驾驶舱和数据中心。以公司各级管理层为调研对象，形成企业业务管理分析手册，总结分析各业务管理模型，建设联机分析处理数据库，加强历史数据分析能力，为企业核心数据建设企业级数据中心，并逐步向非结构化数据为代表的大数据分析能力过渡。

4 实施过程及应用系统内容

4.1 实施过程

2009年，水电三局根据特级资质就位要求，上线了综合项目管理系统，并在2011年10月通过了住房和城乡建设部特级资质就位工作信息化实地核查。

2012年7月，水电三局决定正式启动新平台的建设工作。经过在企业内部历时半年的调研、分析、建模、评估、软件开发和测试后，水电三局综合项目管理系统于2013年3月上线试运营，通过试点运行阶段后取得各种反馈意见，在对系统进行逐步优化后，于2014年1月对综合项目管理系统在全局进行正式推广应用。

4.2 系统内容

4.2.1 协同工作平台

水电三局将综合项目管理平台定位为："一个满足三层架构"的协同工作平台以及满足公司对项目管理信息化系统的要求，并覆盖"总部—分局—项目部"三个管理层级。同时为最大限度发挥信息化优势，将传统手工工作模式转为信息化工作模式；平台开发时将公司的作业流程标准、计算方法固化内置于系统中；所有数据自动调用，所有报表自动生成。

4.2.2 项目管理平台数据搭建

综合项目管理平台围绕数据一体化，从而搭建统一的平台基础数据，具体如下：

一是完成组织人员数据一体化，对所有的系统管理进行组织架构统一，通过工号及身份证号识别，系统中所有人员具有唯一性。

二是统一数据编码，通过综合项目管理平台实现权责范围内的编码统一和自动生成。

三是启动客商信息一体化，业主信息、分包商信息、供应商信息由综合项目管理平台统一管理。

4.2.3 分配各层级管理权限

配合多层级、多部门协同作用，便于每个层级的统筹管理，综合项目管理平台每一层级分配管理员，对应各层级的管理权限，如图1所示。

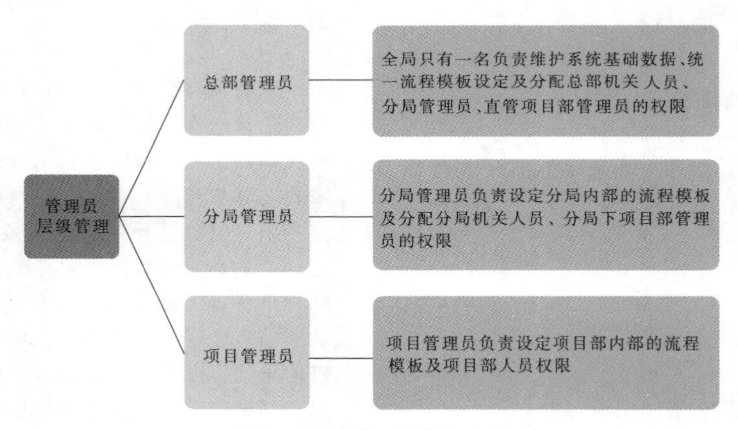

图1 各层级管理权限示意图

各级管理员分配权限时可根据管理级别随意组合权责范围角色，可设置一人多岗多责的权限，使之有效地对系统进行操作。

4.2.4 项目管理方法

项目管理以项目为主体，围绕以合同为主线、进度为依据、成本为控制进行设计，为企业构建跨区域的项目管理平台。平台涵盖业务操作层、管理层、决策层三个不同层次的实际需求，满足单项目、多合同管理及企业集约化经营的要求。

始终以合同清单贯彻项目的开发→实施→竣工过程；市场开发时结合施工企业定额库、物资消耗表进行标前预算，以决定企业是否投标；中标后在标前预算的基础上进行项目评估，并确定项目的总成本目标和物资总需求；项目实施中以合同清单为标准，控制项目的分包总量和结算；竣工后则通过合同清单的实际结算对比，从而分析项目的经营活动是否科学，项目管理是否优化。

成本控制以合同清单进行项目评估后得出整个项目的人力投入、机械投入和材料消耗情况。人、机、材投入总量可根据期间进度计划分解到每一期的成本测算上，当项目有了实际成本消耗时归集到相应的成本科目上，通过计划与实际多次的对比分析总结提高人力最优化、设备使用最大化、材料消耗精确化。

4.2.5 项目管理流程标准化

为保证项目管理的规范，水电三局分别印发了国内项目分包、设备、物资、资金审批等各类管理制度。梳理优化各类项目管理流程 40 大类、90 余项，并明确了流程各节点相关人员的岗位与权限，项目管理流程均实现标准化。

这些管理流程在平台中进行设定，各流程层级工作人员，只需根据需要选取相应流程，即可按公司要求完成相应业务工作，不但有效保证了公司管理制度有效落地，也极大地推动了水电三局现场管理的规范性、标准性。

5 建设成效

水电三局综合项目管理平台实施后，取得的主要成效如下。

5.1 建立了多层级、多部门协同作业的工作平台

建立了涉及三层组织架以及各业务部门、各岗位人员，并同时能满足基层员工日常工作的协同工作平台，而且目前已稳定运行，在线人数稳定且持续。

协同工作平台打破了传统业务直线型烟囱式管理，按自然工作流传递各项业务工作，极大地提高了业务办理速度，减少了因业务交叉和跨部门所产生的不良影响。

5.2 各项规章制度借助平台真正落地

通过流程再造，制定各类业务工作流程，同时明确了流程各节点相关人员的岗位与权限，并在信息平台中进行流程模板设定，各层级员工只需按照自己的权限，根据需要选取相应流程，即可按公司要求完成各项业务工作。

5.3 实现项目标准化管理

协同工作平台的主要成果是使用科学严谨的分析手段，对各项管理工作进行全面梳理和规范，通过标准化，促进管理工作有效进行。

岗位标准化：对全局项目管理岗位及职责进行了明确，并针对不同业务岗位在平台中进行授权。

流程标准化：梳理优化各类项目管理流程，通过全公司统一流程模板设定，保证业务工作标准的统一。

表单标准化：通过平台应用，统一了各类表单，如分包结算单、材料支付申请单、验收入库单等，这些单据又可作为财务凭证。

5.4 完善的基础数据为领导决策提供有效支持

经过多年坚持不断地培训推广，平台功能逐步完善，其贯穿项目管理全过程的业务逻辑和基础业务应用，不但有效规范了各项基础工作，同时收集了大量各类真实可靠的基础数据，平台可以自动汇总形成各类业务台账及报表；同时，平台可根据管理需要，从不同管理层级、不同维度、不同颗粒度，对基础业务数据进行数据分析，使用多种展示方式提供决策支持。

5.5 具有完全的自主知识产权

中国水电三局综合项目管理平台（IIS）已取得发明专利一项、著作权三项，走出一条具有企业特色的应用创新之路。

6 结语

当今现代企业的战略定位中，信息化已经被提升到前所未有的高度，企业的战略需要为信息化的发展提供了良好的环境和机遇，信息化发展同样需要积极转变观念，不断创新，切实提高企业信息化管理水平。水电三局基于独家定制开发的综合项目管理平台，通过不断的应用与发展，结合较高的上线率在实际使用中已取得重大作用，为公司的决策与运行提供重要保障。通过几年来的使用，水电三局综合项目管理平台边使用边改进，通过项目的使用反馈对综合项目管理平台进行完善。

下一步，水电三局综合项目管理平台将继续拓展在移动端开展应用，实现现场数据实施采集，在数据的及时性和有效性上继续探索。

征 稿 启 事

各网员单位、联络员：

广大热心作者、读者：

《水利水电施工》是全国水利水电施工技术信息网的网刊，是全国水利水电施工行业内刊载水利水电工程施工前沿技术、创新科技成果、科技情报资讯和工程建设管理经验的综合性技术刊物。本刊宗旨是：总结水利水电工程前沿施工技术，推广应用创新科技成果，促进科技情报交流，推动中国水电施工技术和品牌走向世界。《水利水电施工》编辑部于2008年1月从宜昌迁入北京后，由全国水利水电施工技术信息网和中国电力建设集团有限公司联合主办，并在北京以双月刊出版、发行。截至2016年年底，已累计发行54期（其中正刊36期，增刊和专辑18期）。

自2009年以来，本刊发行数量已增至2000册，发行和交流范围现已扩大到120个单位，深受行业内广大工程技术人员特别是青年工程技术人员的欢迎和有关部门的认可。为进一步增强刊物的学术性、可读性、价值性，自2017年起，对刊物进行了版式调整，由杂志型调整为丛书型。调整后的刊物继承和保留了原刊物国际流行大16开本，每辑刊载精美彩页6～12页，内文黑白印刷的原貌。本刊真诚欢迎广大读者、作者踊跃投稿；真诚欢迎企业管理人员、行业内知名专家和高级工程技术人员撰写文章，深度解析企业经营与项目管理方略、介绍水利水电前沿施工技术和创新科技成果，同时也热烈欢迎各网员单位、联络员积极为本刊组织和选送优质稿件。

投稿要求和注意事项如下：

（1）文章标题力求简洁、题意确切，言简意赅，字数不超过20字。标题下列作者姓名与所在单位名称。

（2）文章篇幅一般以3000～5000字为宜（特殊情况除外）。论文需论点明确，逻辑严密，文字精练，数据准确；论文内容不得涉及国家秘密或泄露企业商业秘密，文责自负。

（3）文章应附150字以内的摘要，3～5个关键词。

（4）正文采用西式体例，即例“1”“1.1”“1.1.1”，并一律左顶格。如文章层次较多，在“1.1.1”下，条目内容可依次用“（1）”“①”连续编号。

（5）正文采用宋体、五号字、Word文档录入，1.5倍行距，单栏排版。

（6）文章须采用法定计量单位，并符合国家标准《量和单位》的相关规定。

（7）图、表设置应简明、清晰，每篇文章以不超过5幅插图为宜。插图用CAD绘制时，要求线条、文字清楚，图中单位、数字标注规范。

（8）来稿请注明作者姓名、职称、职务、工作单位、邮政编码、联系电话、电子邮箱等信息。

（9）本刊发表的文章均被录入《中国知识资源总库》和《中文科技期刊数据库》。文章一经采用严禁他投或重复投稿。为此，《水利水电施工》编委会办公室慎重敬告作者：为强化对学术不端行为的抑制，中国学术期刊（光盘版）电子杂志社设立了“学术不端文献检测中心”。该中心将采用“学术不端文献检测系统”（简称AMLC）对本刊发表的科技论文和有关文献资料进行全文比对检测。凡未能通过该系统检测的文章，录入《中国知识资源总库》的资格将被自动取消；作者除文责自负、承担与之相关联的民事责任外，还应在本刊载文向社会公众致歉。

（10）发表在企业内部刊物上的优秀文章，欢迎推荐本刊选用。

（11）来稿一经录用，即按2008年国家制定的标准支付稿酬（稿酬只发放到各单位，原则上不直接面对作者，非网员单位作者不支付稿酬）。

来稿请按以下地址和方式联系。

联系地址：北京市海淀区车公庄西路22号A座

投稿单位：《水利水电施工》编委会办公室

邮编：100048

编委会办公室：杜永昌

联系电话：010-58368849

E-mail：kanwu201506@powerchina.cn

全国水利水电施工技术信息网秘书处

《水利水电施工》编委会办公室

2017年1月30日